인간과
분자

Of Molecules and Men

by Francis Crick

인간과 분자

프랜시스 크릭 | 이성호 옮김

궁리
KungRee

"정확한 지식은 생기론의 적이다."

• 일러두기

본문에서 저자 주는 *로, 역자 주는 1, 2, 3 ……로 표기하였다.

머리말

이 글은 생기론[1]의 역사를 학문적으로 써내려간 것이 아니다.

만약 그런 목적으로 쓰고자 했다면 나는 테야르 드 샤르댕[2]이나 마이클 폴라니[3] 같은 요즘 학자들은 물론 한스 드리슈[4]와

1 ● 생기론(生氣論, vitalism) : 생명현상의 발현은 비물질적인 생명력이나 자연법칙으로는 파악할 수 없는 원리에 지배되고 있다고 보는 이론. 자세한 내용은 해제 참조.

2 ● 테야르 드 샤르댕(Teilhard de Chardin, 1881～1955) : 프랑스 태생의 예수회 신부, 고생물학자. 1923년 이후 몽골과 극동지역에서 활동하면서 매우 중요한 고생물학적인 업적들을 발표하였으며, 특히 20세기 고생물학계의 가장 큰 성과인 북경원인의 발굴에도 참여했다. 그는 진화론을 기독교 사상에 접목시키려 노력하는 과정을 통해 진화신학이라는 독창적인 학문영역을 개척하였으며, 이는 현재까지도 가톨릭계에서 널리 수용되고 있다.

앙리 베르그송[5]과 같은 이전 시대 학자들에 대해 상당히 길게 언급해야 했을 것이다. 문필가 그룹에게는 매력적일지 몰라도 나는 그 사상가들에게 전혀 동조하지 않는다. 예를 들어, 폴라니는 증기기관이 물리학과 화학 용어로는 완전히 묘사될 수 없다고 믿는다. 하지만 나는 그 표현을 상당히 다른 의미로 사용한다.

그의 용어법에 의하면 효소 분자—분자 수준에서는 하나의 기계처럼 보일 수도 있다—는 물리학 용어와 화학 용어로는 설

3 • 마이클 폴라니(Michael Polanyi, 1891~1976) : 헝가리 태생의 과학철학자로 인식론의 대가. 그는 인간의 지식을 암묵지(暗默知, tacit knowledge)와 형식지(形式知, explicit knowledge)로 나누었다. 암묵지는 언어나 문장으로 표현하기 곤란한 주관적 · 개인적인 지식을, 형식지는 언어나 문장으로 표현 가능한 객관적 · 이성적인 지식을 의미한다. 예를 들어, 개인의 세계관 · 신념 · 노하우는 암묵지이고, 개념 · 논리 · 문제해결 방법이나 매뉴얼은 형식지이다.

4 • 한스 드리슈(Adolf Eduard Hans Driesch, 1867~1941) : 독일 태생의 실험발생학의 대가. 성게의 배(胚)를 사용한 실험모델을 통해 초기 할구가 모자이크 방식이 아니라 조절 발생한다고 주장하였다. 발생학 분야에서 뛰어난 업적을 남겼음에도 불구하고, 영혼의 존재를 믿어 의심치 않았던 드리슈는 당시의 학문과 기술 수준으로는 더 이상 분석 불가능한 기계론적 생명론에 의문을 품게 되어 발생철학인 신생기론(新生氣論)을 제창하였다. 따라서 드리슈는 1909년 이후부터는 발생학자라기보다 오히려 생명론자로 더욱 두드러지게 활동하였다.

5 • 앙리 베르그송(Henri Bergson, 1859~1941) : 프랑스의 철학자. 그는 프랑스 유심론(唯心論)적 철학의 전통을 계승하면서도 진화론의 영향을 받아 생명의 창조적 진화를 주창한 '생(명)철학자' 로 널리 알려졌다.

명될 수 없는데, 내가 보기에는 말도 안 되는 생각이다. 자연선택의 근본적인 중요성을 진실이라고 믿지 않으니, 그가 온갖 종류의 논리적 · 철학적 곤란에 봉착하는 것은 당연한 일이다.

나는 오히려 생기론을 하나의 주제로 수용하고, 나의 벗들과 동료들이 언급하고 있는 생물학의 현재와 미래 지식들에 대해 기술하고자 한다. 그러므로 이 글은 문학이나 철학적인 저술이 아니라, 과학적인 결과들과 아이디어들을 모은 것이다. 내가 언급하는 거의 모든 아이디어들은 현재 과학지식의 지평을 넓히려 애쓰는 과학자들에게는 꽤나 일상적인 것이다. 나는 그들의 관점이 보다 많은 사람들의 관심을 얻기를 바란다.

몇 년 전 나는 케임브리지대학의 인문학자들에게 이 주제로 강연을 한 적이 있다. 하지만 존 댄츠 기금 강연을 위촉받았을 때만 해도 과거의 강연보다 훨씬 확장된 판인 지금의 책이 쓰여지리라고는 확신하지 못했다. 이러한 방식으로 내 생각들을 펼치고 기록할 기회를 준 워싱턴 주립대학 평의회에 감사한다.

그 강연은 1966년 2월과 3월에 "생기론은 죽었는가?Is Vitalism Dead?"라는 제목으로 워싱턴 주립대학에서 이루어졌다. 첫 번째 강연의 서두를 여는 살바도르 달리[6]의 언급은 그가 1964년 7월호 《플레이보이 매거진》과의 인터뷰에서 했던 말이다. 두 번째 강연에서는 윌리스 버먼 사에서 1957년에 출간된 『세미나 3』 중 "페이오우티 포임Peyote Poem"에서 한 마이클 맥클루어[7]의 말을 인용했다. 세 번째 강연에 인용된 토마스 헌트 모건[8](세 번째 강연)의 글 일부는 『유전의 물리학적 기초*The Physical Basis of Heredity*』로부터 빌려왔다.

6 • 살바도르 달리(Salvador Dali, 1904~1989) : 스페인 출신의 초현실주의 화가.

7 • 마이클 맥클루어(Michael McClure, 1932~) : 미국의 시인, 극작가, 작사가, 소설가. 비트 제너레이션의 주요 인물로, 1956년 출간된 첫 번째 시집 『패시지*Passage*』는 때때로 인간 안에서도 발견되는 동물의 자각과 같은 자연에 초점을 맞추었다.

8 • 토마스 헌트 모건(Thomas Hunt Morgan, 1866~1945) : 미국의 유전학자. 본래 발생학자로 경력을 시작하였으나, 초파리를 재료로 돌연변이를 연구하면서 초파리 유전학을 창시하였다. 그는 염색체가 유전물질을 담은 기계적인 장치라고 생각했으며 「유전에서 염색체의 역할에 대한 연구」로 1933년 노벨 생리학 및 의학상을 수상하였다.

차례

1

생기론의 특성

"자, 이제 왓슨과 크릭이 DNA에 대해 뭐라고 했는지 봅시다.
내가 보기엔 이것이야말로 신의 존재를 보여주는 진정한 증거요."
- 살바도르 달리

잘 알려진 대로, '살아 있는living' 이라는 단어는 정의를 내리기 어렵다. 많은 경우 우리 모두는 어떤 사물이 살았는지 죽었는지를 안다. 당신은 살아 있다. 고양이와 개는 살아 있다. 하지만 암석이나 유리창은 죽어 있다. 여기에서 '죽은' 이라는 단어는 적절하지 않을 수도 있다. 왜냐하면, 이는 절반 정도는 그 사물이 한때는 살아 있었다가 지금은 죽었다는 의미를 내포하기 때문이다. 현재 살아 있지 않고 한 번도 살아 있던 적이 없는 사물을 명쾌하게 묘사해주는 단어가 없다는 것은 흥미로운 일이다.

"동물일까, 식물일까, 아니면 광물일까?" 하고 물어보는 오래된 게임에서 우리가 원하는 느낌을 제공하는 것은 '광물' 이다. 또한 주목할 것은 '동물' 과 '식물' 에 대한 구분이다. 내가 굴을 대단히 좋아한다고 밝히자, 한 젊은 여인이 "나는 살아 있는 것은 절대로 먹지 않아요"라고 말한 적이 있다. 그때 그녀가 우적우적 먹고 있던 샐러드 역시 내가 보기엔 분명히 살아 있는 것이었다.

또 하나 흥미로운 것은 이 게임에서 '식물' 은 목재—한때는 살아 있던 식물들의 사체—와 같은 대상에도 적용된다는 것이다. 어쨌든 '식물' 은 거의 모든 의미에서 상당히 비과학적으로 사용되는 용어다. 현대 화학은 그러한 분류를 더할 나위 없이 무가치한 것으로 만들어왔다. 나일론 스타킹은 동물일까, 식물일까, 아니면 광물일까?

우리 문제로 되돌아가면, 모든 사람은 동물들이 살아 있음에 동의한다. 일전에 내게 자신의 생물학적 열정을 설명하던 한 물리학자는 "나는 그들이 꿈틀거리는 것을 보는 것이 좋다"라고 말했다. 물론 대부분의 사람들은 식물이 살아 있음에 동의할 것이다. 그러나 극소수의 예를 제외하고, 식물은 동물과 달리 근육이 없어서 재빨리 움직이지 못한다. 그러나 햇빛으로부터 에너지를 얻기 때문에 그들은 성장할 수 있고, 그들과 같은 종류를 낳을 수 있다.

이는 미생물을 고려할 때도 민감해지는 문제다. 효모 역시 단순한 액체 배양액에서도 성장하고 번식할 수 있으므로 당연히 살아 있다. 그러나 질병들은 어떠한가? 홍역 또는 소아마비 바이러스는 살아 있는가?

바이러스의 특징은 두 가지로 정의된다. 이들은 매우 작다. 그리고 이들은 '살아 있는' 세포 속에서만 증식한다. 그러나 아무리 작은 바이러스도 백만 개 이상의 원자들로 이루어진다. 게다가 작은 바이러스는 크기와 모양이 대개 한정된 편이므로, 때때로 결정체가 되기도 한다. 여기서 우리는 잘 알려진 딜레마에 빠지게 된다. 소아마비 바이러스는 육안으로도 볼 수 있는 결정체—전형적인 광물의 특성—를 형성할 수 있지만, 사실 생명체처럼 번식할 수도 있어서 감염자를 절름발이가 되게 하거나 심지어 죽이기까지 한다.

진실로 이 문제들은 정신이 혼란스러울 만큼 무한한 자연의 다양성으로부터 나오는 것이다. 그렇지만 이러한 문제들에도 불구하고 우리 모두는 바이러스가 생물학의 일부이고, 암석은 지질학의 일부이며, 유리창이나 한 쌍의 나일론 스타킹은 공학에 속한다고 생각한다. 그러므로 이제부터는 '살아 있는' 이라는 단어 대신 '생물학적인' 이라는 단어를 사용하도록 하자. 여기서도 우리는 문제에 봉착하겠지만, 우선은 내가 바이러스와 암석의 결정적 차이라고 주목하는 것에 집중하도록 하자. 원자 수준에서 보자면 바이러스는 상당한 정도의 정연한 복잡성을 갖는다. 암석은 그보다 훨씬 덜 정연하다. 한 조각의 소아마비 바이러스에 대한 묘사는 다른 소아마비 바이러스의 조각들에도 거의 똑같이 적용된다. 하지만 암석은 그렇지 않다. 우리는 그것이 확률적인 문제여서 암석의 한 조각은 그저 다른 부분들과 대충 비슷한 것임을 알게 된다. 이 구별은 고등한 생물을 고려할 때 훨씬 더 뚜렷해진다. 쉬운 예로, 여러분과 나의 헤모글로빈을 비교해보자. 헤모글로빈은 통상적인 기준으로 볼 때 매우 큰 분자다. 1만 개의 원자가 있지만, 여러분의 것과 내 것은 동일하고 돼지나 말의 것과는 상당히 다를 가능성이 크다. 여러분은 사람들이 서로 얼마나 다른가를 인상 깊게 느끼고 있지만, 만약 여러분을 구성하는 분자들의 면면을 상세히 들여다본다면 그 유사성에 놀랄 것이다.

고도로 정연한 복잡성을 갖는다고 해서 그것들이 모두 생물학적인 것이라고 할 수는 없다. 예를 들어 컴퓨터가 바로 그러한 성질을 갖고 있다. 만일 인간이 만든 인공물들을 임의로 배제한다면, 대단히 질서정연한 복합체들은 본질적으로 모두 생물학적이라고 할 수 있다. 그리고 이는 인간에게 질문할 능력이 생긴 이래로 항상 우리를 당황하게 만드는 문제, "어떻게 생물학적인 대상들이 그렇게 되었는가?"라는 질문을 제기한다. 생명체가 단 한 번의 도약만으로 우연히 현재의 모습이 되었다고는 볼 수 없다. 더욱이, 생물학적인 사물에 대해 더 많이 알게 될수록, 우리는 아무리 단순한 것이라 해도 아무렇게나 조립되었다고는 더더욱 생각하지 않을 것이다. 그러므로 이는 진정코 생물학의 중요한 문제다. 어떻게 이러한 복잡성이 출현했을까?

좋은 소식은 우리가 이 질문에 대해 적어도 개략적으로는 답할 수 있다는 것이다. 내가 소식이라는 말을 쓴 것은 유감스럽게도 전 세계 곳곳의 대학에서 학위를 따기 위해 3년씩이나 시간을 소모함에도 불구하고 대부분의 사람들이 우리의 가장 근본적인 문제에 무지하기 때문이다. 그에 대한 답은 백수십 년 전에 찰스 다윈[9]과 A. R. 월리스[10]가 내놓았다. 다윈은 자연선

9 ● 찰스 다윈(Charles Robert Darwin, 1809~1882) : 영국의 생물학자. 부유한 의사 가문에서 태어났으며, 에든버러 의대를 중퇴한 뒤 케임브리지대학 신학과를 졸업하였

택이 복잡한 개체의 생존을 가능케 하고 그 수와 복잡성을 증가시킬 수 있는 '자동적인' 메커니즘을 제공한다고 주장했다. '자동적인' 이라는 표현을 쓴 것은 이러한 과정을 유도하기 위해 우리가 특별히 '생명력life force' 이라든가 '지성' 을 필요로 하지 않는다는 점을 강조하기 위해서다.

자연선택은 어떻게 작동하는가? 가장 핵심적인 방법은 우호적인 환경에서는 개체가 번식을 극대화할 수 있음을 보장하는 것이다. 이는 통상 기하급수적인 과정으로 일어나는데, 한 개체가 자신과 동일한 여러 후손을 낳고, 이들은 다시 동일한 후손을 만들어내는 식이다*. 이 과정에서 피할 수 없는 '복제 실

다. 그러나 신학교 시절부터 지질학과 생물학에 관심이 더 많았으며, 1831년 탐사선인 비글호에 탑승하여 세계일주를 하면서 많은 자료를 수집하였다. 이를 바탕으로 다수의 지질학과 생물학 논문을 발표했으며, 1859년 유명한 『종의 기원*On the Origin of Species by Means of Natural Selection, or the Preservation of Favoured Races in the Struggle for Life*』을 출간하였다. '자연선택을 통한 진화' 라는 그의 진화론은 19세기 후반 이래 현재까지도 생물학은 물론 인류의 지성사에 거대한 영향을 미치고 있다.

10 • 월리스(Alfred Russel Wallace, 1823~1913) : 영국의 탐험가, 지리학자, 인류학자, 생물학자. 아마존 유역과 말레이 군도 등에서 상당한 야외 조사를 수행하였고, 동물의 지리적 분포에 대한 연구를 선도적으로 수행하여 생물지리학(biogeography)의 아버지라고도 불린다. 그는 다윈과 관계없이 자연선택에 의한 진화에 대한 개념을 알고 있었는데 다윈이 서둘러 『종의 기원』을 출간한 것도 그 때문이다. 월리스는 19세기 후반 대표적으로 진화학의 발전에 크게 기여한 학자였다.

수copying error' 가 일어나 이 후손들 가운데 일부를 (대개는 아주 조금) 본래의 조상과 다르게 만들면, 다시 이들 중 일부가 그 오류를 정확히 복제해내야 한다. 개체 수가 증가함에 따라, 엄청나게 증가한 개체들을 환경이 부양할 수 없는 시기가 도래할 것이다. 그러면 필연적으로 일부 개체들이 제거되고, 후손을 낳을 수 있는 나머지들만이 생존할 것이다. 그러므로 이 '최적합자fittest' — 후손을 낳는 데 가장 적합하다는 의미이다 — 는 자동적으로 선택될 것이다. 참으로 멋진 메커니즘인 자연선택의 발견은 우리 문명의 위대한 지적 승리 가운데 하나다.

이러한 기작은 실제로 어떠한 복잡한 개체라도 일정한 기간 동안 '생존' 할 수 있게 한다. 왜냐하면 생명과정은 화학에 기초를 두고 있기 때문이다. 물론 다양하고 정연한 장치들에 의해 화학반응들은 거의 100퍼센트의 효율로 일어나지만, 결코 완전할 수는 없다. 필연적으로 화학적 부반응들이 일어날 것이고, 시간이 가면서 이런 오류들이 축적될 것이다. 이에 대한 특별한

* 이 간단한 설명은 우리처럼 복잡한 이배체(dipoloid)보다는 한 벌의 염색체만을 가진 단수체(haploid) 생명체에 더 잘 적용된다. 유전자 재조합 때문에 두 경우 모두 진화하는 것은 집단이라고 말하는 것이 보다 정확하다.

수선기작이 있다 하더라도 결국은 가끔씩 실패할 것이다. 그러므로 자연선택은 오류축적을 방지하기 위해 필요하지만, 사실 그 이상의 의미가 있다. 자연선택은 '개량'을 허용하고, 이에 따른 복잡성은 늘 그러하듯이 마침내 훨씬 더 복잡한 개체들의 출현을 이끌어낼 것이다.

그러면, 살아 있는 개체들을 위한 최소한의 요구는 무엇인가? 우선, 복제를 위해 필요한 전제로서 명백히 성장이 필요하다. 이는 (열역학적인 개념으로) 최종적으로 태양에 의해 공급되는 가용한 자유 에너지 원천이 존재함을 의미한다. 개체는 반드시 특정 화학물질들이 유입되고 다시 다른 물질들이 유출되는, 즉 합성에 필요한 원자들과 에너지를 획득할 수 있는 '열린 시스템open system'이어야 한다. 개체는 힘든 세상에서 자신을 유지하고 복제하는 데 필요한 분자들을 축적하기 위해 원천물질들을 사용하는 대사능력을 반드시 가지고 있어야 한다.

다음으로, 자손들과 자신의 '동일함'을 보장해주는 장치들을 갖고 있어야 한다.* 지구상의 모든 생명체들은 필요한 거의 모든 유전정보를 지니고 독특한 과정에 의해 정확히 복제되는 특

* 앞의 주 참조.

별한 유전물질을 보유함으로써 이를 해결한다. 이 물질은 '돌연변이'를 통해 본래의 유전정보가 변경되기도 하는데, 돌연변이 자체는 복제될 수 있다. 2장에서 설명하겠지만, 현재 돌연변이의 상당 부분은 대강 이해되고 있다. 내가 여기서 지적하고 싶은 것은, 자연선택 자체의 원리와는 별개로, 이 모든 것이 통상적인 물리학과 화학적인 개념들 또는 그것들을 약간 확장함으로써 이해될 수 있다는 것이다.

사실, 생물학의 최근 동향에서 궁극적인 목표는 모든 생물학을 물리학이나 화학으로 설명하는 것이다. 여기에는 그럴만한 이유가 있다. 20세기 중반 물리학의 혁명이 있은 이후, 우리는 화학과 이에 관련된 물리학에 대해 튼튼한 이론적 기초를 갖추게 되었다. 우리의 지식이 절대적으로 완전하다고 주장하려는 것은 아니다. 그러나 어쨌든 양자역학은 우리가 갖고 있는 경험적인 화학지식과 함께 생물학을 형성하는 데 필요한 '확실성의 기반'을 제공하는 것으로 보인다. 단순한 접근이지만, 뉴턴역학 역시 같은 방식으로 기계공학의 기반을 제공한다.

현재 화학의 이론적 기반이 언젠가는 다소 부정확한 것으로 드러날 수 있다는 가설적인 가능성에 그다지 얽매이지 않는다는 사실에 주목하라. 전문적인 과학자로서 우리는 새로운 지식의 발견을 이끌어내는 지식을 가져야만 한다. 만약 어떤 주제의 기반들이 취약하다면, 이 기반들은 실험적인 오류를 갖고 있거나 유용한 이론들을 제시하는 데 별로 도움이 되지 않을 것이다. 나의 주장은 물리학과 화학에 대한 현재 우리의 보편적인 지식이, 대단히 견고한 기반으로 작용하는 데 충분하다는 것이다. 대부분의 구체적인 화학이 아직은 불완전하고 더 많은 연구를 필요로 하지만 말이다.

내가 보기에는 분자생물학의 최근 역사가 이런 관점을 확인시켜준다. 현재까지 우리가 발견한 모든 것들은 화학에서의 표준적인 결합들—비극성 화학결합, 비결합 원자들 간의 반 데르 발스 결합, 극히 중요한 수소결합 등—에 대한 개념이 없어도 설명될 수 있다. 이 모든 것들은 이와 관련된 지식 대부분을 선도해온 라이너스 폴링[11]에 의해 기막히게 예견되었다. 작은 분자들과 달리 큰 분자들이 갖는 주된 어려움은 이들이 너무 많은 부분들로 구성되어 있어 계산이 엄청나게 길어진다는 점이다.

11 • 라이너스 폴링(Linus Carl Pauling, 1901~1994) : 미국의 물리화학자. 항원 · 항체반응이론에 관한 업적으로 1954년 노벨 화학상을, 지표 핵실험 반대로 1962년 노벨 평화상을 수상하였다. DNA 구조를 밝히려는 경쟁에서 그는 3중나선설을 제안하였으나 정답은 왓슨과 크릭의 2중나선이었다.

자연 시스템 그 자체는 컴퓨터처럼 환상적으로 빠르게 작동한다. 또한 자연은 우리보다 규칙들을 훨씬 정확히 알고 있다. 그러나 비록 게임에서는 자연을 이기지는 못하더라도 여전히 우리는 적어도 자연을 이해하기 위해 확실한 실례를 제공하기를, 말하자면 어떻게 특정 단백질이 자신을 구부리고 접는가를 계산할 수 있기를 희망한다.

나는 생물학을 원자의 관점에서만 연구해야 한다고 생각하지 않는다. 전문적인 과학자들은 자신의 연구대상에서 우리가 '과학'이라 부르는 잘 구성된 멋진 지식패턴을 뽑아낼 수 있는 가능한 지점과 시점을 정확하게 공략할 것이다.

공략할 지점은 항상 전술상의 문제가 된다. 예를 들어 동물의 행동에서, 우리는 분자적 근거를 염려하기에 앞서 일반적인 행동패턴에 대한 대충의 윤곽을 그려야 할 것이다.

과학자는 전술에 따라 개체를 '전체로서' 연구하거나 조각으로 나누어 각각 연구한다. 현재 분자생물학의 놀라운 진전들은 대부분 이들 두 접근의 조합을 사용한 결과로 이루어졌는데, 특히 박테리아처럼 비교적 작은 생명체들에 잘 적용되었다. 살아있는 단위로 세포를 연구하는 것은 우리가 생명현상을 광범위한 경로를 통해 바라보게 해준다. 세포 내에서 일어나는 기작에 대한 정확한 세부 사항을 실험을 통해 추론해내기에는 세포 시스템 대부분은 너무 복잡하다. 세포를 부숴 그 조각들을 연구하면 정확한 작용이나 습성을 발견할 수 있지만, 부수는 과정에서 인위적인 것들이 만들어질 수 있다. 이를 피하기 위해 과학자는 온전한 세포의 연구로 되돌아가야만 한다. 간단히 말해 열리지 않은 채 작동 중인 온전한 시계를 사용한 연구나 부수어 조각낸 것을 사용한 연구만으로는 상세한 기능들을 추론해내기 어렵지만, 두 연구접근방식을 조합하면 작동기작에 대해 많은 정보를 얻을 수 있다.

이 주장—과학자는 전체와 부분을 모두 연구해야 하며, 특정한 경우 둘 중 상대적인 강조는 단지 전술적인 문제다—은 생물학의 모든 수준에 적용된다. 생물학적 시스템이 구성조직 수준들의 계급으로 간주될 수 있다는 아이디어, 즉 한 수준의 '전체'는 그 상위 수준의 부분이 된다는 아이디어는 이전부터 있었다. 그러므로 세포는 세포생물학의 '전체'이면서 동시에 조직생물학의 일부분이다. 단기적으로 보면 과학자는 한 번에 하나의 수준에 더 집중해야겠지만, 하나의 수준 이상에서의 동시 공략은 긴 안목으로 볼 때 하나의 수준만을 공략하는 것보다 더 큰 결과를 얻는다.

그러므로 과학자는 결국 원자 수준에 이르기까지 단계를 낮추어 전체 생물학을 '설명' 할 수 있기를 희망할 것이다. 그리고 이제 원자 수준에 대한 우리의 지식은 현실적으로 다수의 물리학자와 화학자들을 생물학으로 유입시킬 만큼 확실해졌다. 부언하자면, 앞에서 말한 '전체' 란 생물학에만 적용되지 않는다. 예를 들어, 화학에도 적용된다. 벤젠 분자는 여섯 개의 탄소 원자와 여섯 개의 수소 원자의 '합계 이상' 이다. 여기서 의미론적으로 주목할 단어는 '합계' 다. 벤젠은 분명히 그 구성 원자들의 산술적인 합계가 아니지만, 그럼에도 불구하고 이론화학자들은 합계를 바로 계산하여 그 특성을 추론할 수 있다. 이는, 양자역학의 방법론이기도 하다.

이 점에서 우리는 생물학적 설명에 대한 관점을 명확히 할 필요가 있다. 여기에는 두 가지 유형이 있다. 모든 생물학적 시스템을 조사함에 있어서 과학자는 항상 그것이 어떻게 작동하는가를 질문한다. 즉 부분들에 대한 지식을 바탕으로 어떻게 그 행동을 예측할 수 있는지 묻는 것이다. 한편, 과학자는 어떻게 그 시스템이 그러한 방식을 획득했는가, 다시 말해 어떻게 진화했는가를 질문하기도 한다.

사실 이 두 설명은 다음과 같은 이유로 큰 차이가 있다. 대부분의 생물학적 개체들은 확실히 신뢰성 있게 작동한다. 더욱이 그중 다수는 거의 동일한 복제 형태로 얻어질 수 있다. 그러므로 과학자는 이들에 대해, 적어도 예를 들어 소용돌이에서의 흐름과 같은 많은 순수물리 시스템에서와 같이, 대개 '예측 가능한' 관찰을 할 수 있다.

다른 한편 한 종에서 다른 종으로의 진화는 이런 특성을 갖지 않는 것 같다. 진화는 돌연변이와 같은 드문 사건과 환경 내의 기회요인들에 달려 있다. 진화의 과정을 보면서 우리는 많은 측면에서 포유류가 파충류보다 우월함(적합함)을 관찰할 수 있지만, 실제로 무엇이 파충류로부터 포유류가 진화하도록 했는지에 대해서는 잘 알지 못하며, 그것을 발견하기도 쉽지 않다.

(이) 때문에 진화의 실제 과정이 예측 가능한가라는 진솔한 의문이 제기된다. 어쩌면 그것은 과학이라기보다는 역사라고 하는 것이 맞을지도 모른다. 말하자면, 기회가 역사적 과정을 근본적으로 바꿀 수도 있다는 것이다. 비록 일부 경계선상의 사례들은 이를 증명하기 어렵게 만들지도 모르지만, 나는 이 구별—개체의 습성과 진화—이 결정적으로 중요하다고 생각한다. 나는 생물학에 접근하는 과정에서 엘자서[12]와 폴라니를 혼동시킨 것이 바로 이것이라고 믿는다.

이제 '생기론' 이란 단어의 의미를 더 이상 뒤로 미룰 수 없게 되었다. 앞에서처럼, 정확히 정의하기는 어렵지만 일반적인 방법으로 그것이 의미하는 바를 이해하기는 매우 쉽다. 생기론에는 우리가 갖고 있는 일반적인 물리학과 화학 개념으로는 이해할 수 없는 어떤 특별한 힘이, 살아 있는 시스템의 성장과 행동을 지시한다는 의미가 내포되어 있다. 정의를 내리기 어려운 것은 이것이 어떤 종류인가 하는 문제인데, 이것에 대해 글을 쓰고 말하던 사람들 대부분이 아직까지도 대단히 혼란스러워하고 있다.

사람들이 생기론과 같은 학설이나 신조의 필요성을 느끼는 것은 즉각적으로 가용한 개념들로는 잘 설명되지 않는 복잡한 패턴이 눈에 띄기 때문이라는 것이 나의 일반적인 논지다. 그러므로 이러한 곤란함들이 가장 뚜렷하게 나타나는 생물학 영역들을 좀더 자세히 조사하는 것은 매우 유용한 일이다. 내가

12 ● 엘자서(Walter Maurice Elsasser, 1904~1991) : 독일의 물리학자. 지구의 자기장 형성에 관한 지오다이나모(geodynamo) 설의 제창자. 노벨물리학상 후보로 두 번이나 언급되었으나 막상 수상자가 되지는 못했다. 말년에 시스템 생물학(systems biology)이라는 분야에 관심을 가졌으며 마지막 저서인 『*Reflections on a Theory of Organisms*』에 자신의 견해를 남겼다.

보기에는 세 개의 영역이 있다. 첫 번째 그리고 가장 많이 언급해야 할 영역은 살아 있는 것과 죽은 것 사이의 경계선에 관한 것이다. 이는 얼마 전까지도 무한히 신비스러운 것처럼 보였으며, 이를 물리학과 화학의 개념으로 설명하려면 대단한 신념이 필요하다고—일정 부분 종교에 거스르는(역자 주)—믿어졌다. 첫 번째 영역과 긴밀하게 연관된 두 번째 영역은 엄청나게 오래전에 일어난 사건으로서, 현재는 그 과학적인 가치의 중대함을 언급하기 어려운 생명의 기원에 관한 것이다. 세 번째 영역은 우리가 정확한 과학적인 용어로 생각하려면 불편을 느끼게 되는 '지각' 이라는 단어에 포함되는 것이다. 이는 뇌의 실제 행동과 우리의 주관적인 느낌들과 감정들의 습성에 관련된 설명을 다룬다. 이는 또한 현재 우리가 거의 알지 못하는 영역에 관한 것이기도 하다.

과거의 사람들은 적어도 두 개의 다른 영역에 대해서도 우려했다. 사람들은 보통의 화학적 방법으로는 합성이 불가능한 유기 분자들에는 무언가 근본적으로 다른 것이 있다고 생각했다. 이 특이한 우려는 화학의 역사에서 비교적 초기에 제기되었는데, 프리드리히 뵐러[13]가 '무기물' 또는 적어도 무생물로 간주되는 시안산암모늄으로 시작하여 분명히 유기 분자인 요소를 합성하는 데 성공함으로써 극적으로 뒤집어졌다. 실제로 뵐러는 건조 혈액, 동물 발굽, 그리고 뿔로부터 요소를 합성했다. 다양한 유기 화합물들을 그 구성 화학물질들로 합성한 보다 결정적인 증거는 1860년 마르셀랑 베르틀로[14]가 제시했다. 물론, 오래된 믿음은 우리 표현의 기원인 '유기 화학'으로 남아 있다.

살아 있는 생명체가 만들어내는 에너지에 관련된 두 번째 영역은 그동안 설명하기 어려운 부분으로 여겨졌다. 생명체가 열역학의 기본 법칙을 따르는가가 진실로 의문시되던 시기가 한동안 있었다. 그러나 생명체의 대사에서 이들 법칙에 모순되는 것처럼 보이는 부분은 전혀 없음이 밝혀졌다. 이들 두 주제는 현재 완전히 해결된 것으로 보인다.

내가 언급한 세 영역은 모두 우리가 '살아 있는'이라는 모호

13 ● 프리드리히 뵐러(Friedrich Wöhler, 1800~1882) : 독일의 화학자. 1823년 하이델베르크대학에서 의학박사 학위를 받은 후 스톡홀름의 J. 베르셀리우스 밑에서 화학분석에 대하여 배웠다. 그는 시안산(酸) 발견을 통해 '이성질체'의 존재를 강조하여 화학구조 이론에 선구적 공헌을 하였다. 1828년 시안산암모늄에서 이성질체인 요소(尿素)를 합성하여 실험실에서의 유기화합물 합성 가능성을 증명하였다.

14 ● 마르셀랑 베르틀로(Marcellin Pierre Eugène Berthelot, 1827~1907) : 프랑스의 화학사, 정치가. 그는 Thomsen-Berthelot이론으로 열화학(thermochemistry) 분야에서 저명하며, 무기물로부터 다수의 유기물을 합성하여 생기론을 철저히 반증하였다.

한 단어를 사용할 때 떠오른다. 나는 '살아 있는' 이라는 말에 살아 있는 것과 죽은 것 사이의 차이가 포함되어 있다고 주장하고 싶지만, 다수의 사람들은 '살아 있는' 이라는 단어를 다른 의미로 사용한다. 누군가는 "그렇지만 그는 대단히 활동적alive이야!"라고 말한다. 이런 식으로 사용되어온 그 개념은 동물의 행동에도 적용된다. 이 말을 식물에게도 사용할 수 있는지는 의문스럽다. '활동적' 이라는 말은 그 사람의 반응의 특성을 표현할 때 쓰이곤 한다. 나는 누군가가 이런 특수한 의미로 몽유병 환자를 "대단히 활동적"이라고 말하리라고는 생각하지 않는다.

여러분은 생기론적 아이디어들이 그저 과거에 속하는 것이며, 최근의 문필가들은 이를 회피한다고 생각해서는 안 된다. 오히려 최근에 그러한 아이디어들이 부활하고 있는 것처럼 보인다. 세 가지 예를 들어보자. 저명한 물리학자인 발터 엘자서 박사는 이 주제로 『생물학의 물리학적 기초*The Physical Foundation of Biology*』*라는 제목의 책을 저술했다. 그는 이 책에서 신경계에 대해서도 언급했지만, 나는 생식과 배아발생학에 대한 그의 아이디어에 비평을 국한시키려 한다. 1958년에 출판되었고, 분자

* London: Pergamon Press, 1958.

생물학과 관련된 몇 개의 참고문헌들이 인용되어 있지만, 일찍이 착안된 것이 분명한 이 책에는 무지에 의해 초래된 혼동의 예가 잘 나타나 있다. 예를 들어, 엘자서 박사는 바닷가재의 유전정보가 딱딱한 바깥 껍질 속이 아니라 '부드러운' 조직이라고 불렀던 속살에 저장되어 있다고 주장한 것을 발견하고는 놀랐다. 그는 그렇게 저장된 정보는 열에 의해 매우 쉽게 교란되리라고 생각한 듯하다. 다음 장에서 설명하겠지만, 현재 우리는 실제로 유전정보가 중합체상에 저장되어 있고 그 화학결합이 순수한 열 손상에 저항할 수 있음을 알고 있다. 우리는 또한 세포가 적어도 작은 손상을 재생할 수 있는 다양한 수선기작들을 갖고 있음을 알고 있다. 물리학자인 그는 무시했지만, 아주 간단한 화학적 사실들이 세포로 하여금 분자 수준에서 방대한 양의 정보를 매우 안전하게 저장할 수 있게 하는 것이다.

이러한 사실에서 두 번째 예가 나온다. 그의 모든 주장은 성체를 구성하는 데 필요한 방대한 양의 정보가 생식세포 안에 저장될 수 없다는 명백한 딜레마를 기초로 한다. 그의 딜레마가 오류라고 너무 강하게 주장할 필요는 없다. 엘자서는 분명히 어느 정도의 정보가 염색체상에 저장될 수 있는지 분명히 실감하지 못했고—아마도 10^{10}비트 이상일 것이나—또한 사람을 구성하는 데 필요한 정보를 틀림없이 엄청나게 과다 계산했던 것이 틀림없다. 해부학적으로, 그리고 생리학적으로 우리 신체의 대부분은 다양한 요소들의 조합에 의해 반복되거나 일정 부분 반복된다. 현재 우리는 모든 뼈, 관절, 근육, 혈관 등이 정확한 위치에 있는 손을 형성하는 데 얼마만큼의 정보가 필요한지 잘 알지 못한다. 그러나 우리는 가용한 정보용량 안에서 손이 만들어진다는 것은 알고 있다. 그러므로 기계론자들은 상세한 연구를 통해 그러한 정보가 생식세포 안에 저장된다는 것이 틀렸음이 확인될 때까지는 여전히 지지할 수 있는 것이다. 속 편한 방식으로 제시했던 엘자서 박사 유형의 딜레마를 해결하기 위해 필요한 정보를 획득하려면 상당한 시간이 걸릴 것이다.

자신의 딜레마에서 벗어나기 위해 엘자서 박사는 '생기현상biotonic phenomena' 이라는 아이디어를 무리하게 고안할 수밖에 없었다. 생기현상이란 "기계론적인 기능으로는 설명할 수 없는 생명체 내의 현상"을 말한다. 그는 이 현상이 정상적인 물리학적 법칙들과 양립할 뿐만 아니라, 그보다도 더 의미있다고 그가 믿은 생기적 법칙들에 의해 일어난다고 주장한다. 그는 이들이 어떻게 생물학적인 시스템—가용한 시간 범위 내에서 평균화하기에는 너무나도 많은 가능성이 존재하는—안에서 일어날 수 있는가를 보이려고 노력해왔다. 어떤 맥락에서는 사실로 판명될 수도 있겠지만, 나는 이것이 새로운 법칙들로 이어지리라고는 보지 않는다. 내 견해로는 이는 기회효과들과 훨씬 더 긴밀하게 연결될 것이다. 그러나 그의 딜레마가 실재하는 것이 아니듯이, 그의 설명에 우리가 설득될 필요는 없다.

추측컨대, 엘자서 박사는 비록 "우리는 생기론적 철학 쪽으로 훨씬 가까이 움직여온 것으로 보인다"라는 사실은 인정했지만 생기론자로 분류되고 싶어하지는 않는 것 같다. 따라서 그는 '신생기론자新生氣論者'로 분류되는 것이 더 정확할 것이다. 신생기론자란 생기론적 아이디어를 믿지 않는다고 주장하지만 실제로는 이를 믿는 사람을 가리키는 말이다. 아마도 30년 전이었으면 그의 주장들이 받아들여졌겠지만, 오늘날 어떤 분자생물학자도 이를 진지하게 받아들이지는 않는다. 다음 장에 일부 요약되듯이 우리가 최근에 획득한 상세한 지식들은 정확한 과학적인 지식에 안전하게 기반을 두지 않은 일반적인 주장들이 어떻게 오도될 수 있는가를 알려주었다. 사실들이 문으로 들어올 때, 생기론은 창밖으로 날아가버리는 것이다.

나의 두 번째 예는 "충동과 분자생물학"이라는 도발적인 제목으로 1963년 《네이처Nature》(vol. 199: pp. 212~219)에 실린

피터 모라 박사Dr. Peter Mora의 긴 논문이다. 몇 부분만 인용해보아도 이 논문의 일반적인 내용이 분명하게 드러날 것이다. 그의 논문은 "그들이 표현하는 거의 모든 수준에서, 살아 있는 존재는 모든 가능한 상황에서 유리한 위치를 얻고 새로운 조건들에 맞춰지기 위해 직접적이고 냉혹하며 획득적이고 이기적인 성질을 지니고 있으며, 자신의 존재를 유지하려는 인내와 주변을 압도하기 위한 끊임없는 충동을 갖는다"는 말로 시작한다. 이는 그가 '충동'이라는 단어를 어떤 의미로 사용했는지 보여준다. 나아가 그는 "충동은 나이가 들면서 감소하고 사망할 때 정지하지만, 그 존재는 그것이 지속되는 동안 살아 있는 생명체를 인식 가능하게 하고 살아 있지 않은 것과 구별시켜준다"고 말한다. 그러고는 "현재의 분자적인 접근은 살아 있는 것과 살아 있지 않은 것의 차이를, 또는 보다 노골적으로, 내가 '생물학적 충동'이라 부른 것을 우리에게 충분히 이해시켜주는가?"라고 묻는다. 논문 자체는 빈틈없이 정확하고 훨씬 상세한 분자생물학적인 지식을 포함하고 있지만, 여전히 사람들에게 혼란스러운 느낌을 남긴다. 사실, 그는 "유감스럽게도 나 역시 이 새로운 방법의 성질이나 물리학적 방법들의 연장 여부를 명확히 알 수 없기 때문에 이를 분명히 확신할 수 없으며, 생물학에서 발견하는 것이 바람직하다고 느낀다"라고 고백한다.

세 번째 예는 저명한 물리학자이자 노벨상 수상자인 유진 위그너 박사[15]로부터 나온다. 위그너 박사는 양자역학과 통계역학의 방법론을 사용하여 자체 복제 시스템을 갖는 것이 불가능함을 보이기 위한 시도로 논문을 저술했다.* 이러한 결론을 불편하게 생각했던 그는 그런 딜레마에서 탈출하기 위해 안전장치를 만들었다. 나는 여기서 그의 주장의 정당성을 논의하고 싶지 않다. 나는 "저자는 생기론적 법칙들의 존재에 대한 확고한 신념이 의식의 저항할 수 없는 현상으로부터 나온 것임을 인정한 후에야 이 논문을 마칠 수 있겠다"라는 그의 마지막 문단의 시작 부분으로 주의를 돌리고 싶다. 여기서 주목할 점은 그가

15 ● 유진 위그너(Eugene Paul Wigner, 1902~1995) : 헝가리 태생의 물리학자, 수학자. 레오 질라드, 에드워드 텔러, 존 폰 노이만 등과 함께 부다페스트 출신으로 히틀러의 유대인 탄압을 피해서 미국으로 이주하였다. 질라드, 위그너, 텔러는 제2차 세계대전 중인 1939년, 아인슈타인에게 미국이 나치보다 먼저 핵개발을 하도록 촉구하는 편지에 서명하게 하여 이를 루스벨트 대통령에게 보내도록 하였다. 1963년 '원자핵과 기본입자의 이론'을 제시한 공로로 '원자핵의 껍질구조'를 규명한 마리아 괴페르트 마이어, 한스 옌젠과 함께 노벨 물리학상을 수상하였다.

* *In The Logic of Personal Knowledge: Essays Presented to Michael Polanyi on His Seventieth Birthday 11th March 1961*, 에드워드 쉴즈 편집(Glencoe, Ill.: Free Press, 1961)

생식에 대한 논문을 쓴 것은 지각에 대한 우려 때문이었다는 점이다. 그는 우리의 민감한 영역 가운데 하나인 뇌 영역에 무언가 잘못이 있다고 느꼈기 때문에, 또 다른 민감한 영역인 살아있는 것과 살아 있지 않은 것 사이의 영역을 고려했다. 이처럼 생기론적인 아이디어들에 동기부여를 하는 것처럼 보이는 불편한 유형의 아주 뚜렷한 예는 더 이상 찾기 어려울 것이다.

공평하게 나는 이런 연관이 역으로도 작용한다고 생각한다. 물리학과 화학으로부터 분자생물학으로 입문한 사람들은 대부분 생기론이 틀린 것임을 반증하고자 하는 동기를 가지고 있었다고 믿는 것이다. 흥미로운 것은, 살아 있는 것과 살아 있지 않은 것 사이의 신비스러움이 제거되었다고 믿기 때문에, 다수의 분자생물학자들이 신경계 연구로 옮겨갈 것을 고려한다는 점이다. 이러한 선상에 있는 문헌증거 중 일부에 주목하자. 증거는 내 친구인 군터 스텐트Gunther Stent가 쓴 『박테리아 바이러스의 분자생물학*The Molecular Biology of Bacterial Viruses*』이라는 책에서 유래한다.* 그는 짧은 후기의 말미에 생기론에 대한 질문을 거론했다. 그의 결론부 문단은 이러한 질문으로 시작한다. "자기복

* San Francisco, Calif.: W. H. Freeman and Co., 1963.

제 문제에 대한 해답이 제시된 이후에도 분자생물학자는 스스로에게 제기할 근본적인 문제를 갖고 있을까?" 그리고 그의 마지막 문단은 이렇게 이어진다. "그러나 생명의 기원과 형태 형성까지 역시 만족할 만큼 설명된 후에도 생물학에서 고등 신경계의 주요 기능은 여전히 질문으로 남을 것이다." 이제 그 환상적인 기여(고등 신경계의 기능에 대한 질문—역자 주)는 유전현상이 50년 전에 그러했던 것처럼 절망적일 만큼 복잡한 문제로 자리 잡은 것처럼 보인다. 지각과 기억 같은 생명의 표현들을 분자 수준에서 조리있게 설명하는 것이 지금 당장은 불가능하다는 문제 때문에 뉴런은 미래의 파지(바이러스)가 될 가능성이 크다(그만큼 중요하며 미래에는 확실히 규명되리라는 뜻임—역자 주).

사실, 동기와 관련해서 이들 여러 작가들의 신앙에 대해 질문하는 것은 흥미로운 일이다. 나는 생기론자의 입장에서 글을 쓴 사람들은 기독교도, 그중에서도 특히 가톨릭 신자일 것이고, 반생기론자는 아마도 불가지론자이거나 무신론자이리라고 강하게 확신한다. 물론 얼마나 사실인지는 나도 모른다.

이제 생기론의 의미에 대한 고찰로 돌아가자. 생물학 시스템에는 물리학이나 화학의 표제 아래에 포함될 수 없는 특별한 영역이 필요한 듯 보인다. 그것은 어떤 힘일 수도 있고 영적인 것일 수도 있는, 비과학자들에게나 통하는 아이디어의 일종이다. 하지만 과학자들은 생물학 시스템에는 물리학이나 화학에 포함되지 않는 특별한 법칙들이 존재하리라고 자주 생각한다. 문제는 어떤 것이 특별한 법칙이며, 그것을 확실하게 입증하는 사례는 무엇인가 하는 것이다. 누군가는 자연선택이 그러한 특별한 법칙이라고 주장할 수도 있는데, 나 역시 그것이야말로 생물학 시스템에서 가장 근본적으로 중요한 법칙이라고 생각한다. 그러나 그와 같은 것이 소위 화학이나 개방된 시스템의 연구로부터 추론되어온 것이 아니라고는 확실히 말하지 못하겠다. 화공학 연구에서 자연선택과 비슷한 법칙을 만들어낼 만한데, 단순한 화학 시스템에서 복제과정 형태의 어떤 것을 우연히 발견했다면, 우리는 이런 종류의 행동에 직면했을 것이기 때문이다. 하지만, 그러한 행동은 대단히 드물다.

그러나 어떤 테스트가 생기론을 반박하는 데 사용될 수 있겠는가? 한 가지 확실한 접근방법은 기본적인 화학적 요소들에서 시작하여 생물학적인 대상을 완전히 인공적으로 합성하려는 노력일 것이다. 만약 이런 방식으로 생명체가 만들어질 수 있다면, 분명히 많은 사람들이 혼란을 느낄 것이다. 그러나 나는 설령 그런 인공 생명체가 만들어진다 해도 우리가 만든 그 시스템 역시 생기론적인 힘이든 영혼이든 생기론자들이 부르고자 하는 어떤 것이 그 시스템의 작용을 점령하고 접수할 것이라고 주장하는 사람들이 또 있을 것이라고 예견한다. 결국 우리는 생명체를 합성하는 것에 더하여 그 생명체의 습성을 물리학과 화학의 법칙들로 설명할 필요가 있다. 그러나 너무 많은 것을 설명하려고 노력하지 않도록 주의해야 한다. 이전에 주장한 바와 같이, 진화의 전 과정은 물리학적 시스템만큼 쉽게 설명될 수 없는 것이다. 어떤 단계들에서 비껴나갈 기회요인들이 있을 것이다. 그렇지 않았다면, 현재와는 상당히 다른 고등동물과 식물들이 출현하였을 것이다. 그러므로 진화는 우리 모두가 알듯이, 또한 순수한 물리학적 시스템이 그러하듯이, 정확한 예측을 허용하지 않는다. 예를 들어, 내일 정오에 하늘에 떠 있을 구름의 정확한 모양은 가까운 장래에 우리가 예측할 만한 것이 아니다.

다음 장에서 나는 세 가지 민감한 영역에 대해 우리가 알고 있는 것을 언급할 것이다. 바로 분자생물학, 생명의 기원, 그리고 고등 신경계 영역이다. 마지막으로 나는 오늘날의 생기론에 대해 언급할 것이다.

2

가장 단순한 생명체

"이는 우리를 미소 짓게 하는 강력한 지식이다."

– 마이클 맥클루어

이 장에서 나는 살아 있는 것과 살아 있지 않은 것 사이의 경계선에 대해 우리가 무엇을 알고 있는가를 자세히 검증할 것이다. 언뜻 보기에는 바이러스의 구조와 특성을 관찰하는 것으로부터 시작하는 것이 현명한 일처럼 보일 수 있겠지만, 뒤에 분명해질 이유들 때문에 나는 바이러스를 뒤로 미루려 한다. 대신, 나는 전형적인 미생물을 먼저 숙고하려 한다. 비교적 단순하고 잘 조성된 화학적 배양액에서 자라는 이 세포 종류는 우리가 발견할 수 있는 것 중에서 가장 단순하면서도 완전한 생명체다. 다른 생명체들도 조금씩 언급하겠지만, 내가 주로 언급할 박테리아는 대장균E.coli이다.

이 세포는 단순한 배양액이든 복잡한 배양액이든 어디에서나 잘 자란다. 단순 배양액은 탄소와 에너지원으로 당을, 질소원으로는 암모니아를 이용하며, 그 외에도 인산, 나트륨, 칼륨, 마그네슘 등으로 구성된다. 우리가 원한다면 기본 요소들로 합성할 수 없는 단순 배양액 내 성분은 없다. 만약 배양액에 없으면 세포 자신이 직접 합성해야 하는 작은 유기분자들을 대량 포함하는 복잡한 배양액에서는 세포의 성장이 훨씬 빠른데, 이런 조건에서 세포는 20분마다 한 번씩 분열한다. 열 시간 후, 충분한 '브로스(broath, 복잡하고 풍부한 배양액을 칭할 때 자주 사용하는 용어)' 배양액 내에는 약 10억 개의 세포가 존재하게 되는데, 모두 박테리아 배양을 시작할 때 사용된 최초 단 한 개의 세포로부터 유래한 것이다. 이러한 성장률을 얻기 위해서는 배양액의 온도가 정확하게 유지될 필요가 있는데, 이 경우에만 일정 범위의 혈액온도와 공기방울이 배양액에 제공되기 때문이다. 그러나 산소가 모든 종류의 생명체에 반드시 필수적인 것은 아니다. 어떤 생명체들은 사실 산소가 전혀 없는 곳에서만 자라기도 한다. 산소는 우리처럼 고등한 생명체에게는 반드시 필요하고, 많은 하등 생명체들에게는 없어도 되는 요소지만, 산소가 사용되면 식량 사용(또는 에너지 생산)이 훨씬 효율적으로 이루어진다.

우리는 그런 세포를 현미경으로 관찰할 수 있다. 사실 이 세포는 상당히 작아서 직경이 대략 1~2마이크론(천분의 1밀리미터) 정도다. 광학현미경으로도 볼 수 있지만, 세포 내부의 상세한 것들은 관찰하기가 쉽지 않다. 그러나 얇은 세포절편을 염색하여 전자현미경으로 관찰하면 세포 내 상당한 수준의 내부 구조를 볼 수 있다. 그렇지만 우리 지식의 대부분은 이 방법으로 얻어진 것이 아니라, 이 유형의 세포 내부에 대한 상세한 내용을 알려주는 다양한 생화학적 · 유전학적인 실험들의 복잡한 조합들에 의해 얻어진다.

자세히 관찰하면, 세포는 기본적으로 백bag 모양을 하고 있는데 지지할 힘을 주는 단단한 바깥 벽과 특별한 필터인 세포막이 그 안에 있어 안과 밖을 효과적으로 나눈다. 세포 안에서 생산되는 많은 유기 분자들은 막을 통과할 수 없어 세포 안에 갇히지만, 다른 분자들은 안과 밖을 자유롭게 흘러다닌다. 게다가, 막은 우리가 아직 완전히 이해하지 못하는 메커니즘에 의해, 다양한 대사펌프가 일어나는 장소가 되어 배양액으로부터 세포 안쪽으로 분자들을 농축시킴으로써 이들 분자가 필요한 만큼 고농도에 도달하게 한다.

놀랍게도, 이 백의 내부에서는, 스케일은 훨씬 작지만 실처럼 보이는 매우 길고 가는 분자가 포함된 몇 개의 영역이 관찰된다. 나는 이에 대해 좀더 언급하려 한다.

백 내부의 나머지 부분에서는 상당수의 큰 분자들과 작은 분자들이 발견된다. 서로 다른 유형의 이 분자들은 대충 봐도 큰 분자 수천 종류와 비슷한 수의 작은 분자들이다. 그러므로 세포는 수많은 화학반응이 동시에 일어나고, 작은 분자들이 다른 것으로 변하고, 작은 분자들이 큰 분자를 이루는 복잡한 화학공장이라 할 수 있다. 비교적 적은 수의 중간 크기 분자들이 살아 있는 세포에 의해 만들어짐은 흥미로운 생화학적 현상이다. 내가 의미하는 이 분자들은 분자량이 수천 돌턴에 달한다. 흥미로운 이유는 일단 복잡한 분자에서는 훨씬 많은 화학결합이 이루어져야 하므로 많은 경우에 큰 분자들은 작은 분자보다 훨씬 만들기가 힘들기 때문이다. 유사한 작은 분자들의 끝과 끝이 연결되는 특별한 방법으로 큰 중합체 유형의 분자가 만들어지기도 하는데, 이런 기작은 상당히 긴 분자를 만드는 경향이 있다. 그러므로 이 간단한 그림에서 세포 안의 분자들은 큰 중합체들이거나 이들을 구성하는 작은 분자들이거나 혹은 관련된 중간 과정의 분자들이다. 단순 반복되는 과정들에 의해 복잡한 분자들이 만들어지는 것은 고려할 가치가 없다. 그러므로 중간 크기의 분자들은 드물게 만들어진다.

세포의 놀라운 점은 매우 단순한 구성요소들로 시작하여 엄청나게 다양한 유형과 크기의 분자가 될 수 있다는 점이다. 그러므로 이러한 모든 화학적인 작동들을 가능케 하는 일반적인 방법이 있어야 한다. 그 원리는 비교적 간단한 것으로 오래전부터 알려져 왔다. 모든 개별 화학반응에는—모든 단순한 화학적 단계에서—그 단계에만 작용하고 이를 촉진하는 특별한 촉매가 있다. 상온에서는 반응이 자발적으로 일어난다 하더라도 그 속도가 매우 느린 데 반해, 촉매의 영향을 받으면 반응이 매우 빨리 일어날 수 있어서 세포의 삶에 중요한 것이 된다. 이 촉매들은 효소라고 알려져 있으며, 모든 효소는 유형은 달라도 화학적으로 동일한 패밀리(집단)에 속한다. 이는 생화학에서 가장 중요한 일반화 중 하나다. 효소들은 모두 동일한 설계에 의해 같은 방법으로 만들어지기 때문에 동일한 집단으로 분류된다. 효소들은 사실 단백질 분자들인데, 세포의 단백질은 다른 용도로도 사용되지만(예를 들어 구조골격물질로), 대부분은 살이 있는 효소로 사용된다. 촉매는 효소의 가장 중요한 기능이다.

이 작은 박테리아 세포는 매우 작은 공간에서 작동하는, 아주 효율적이면서도 대단히 복잡한 화학공장이다. 배양액으로부터 원천물질들이 세포 안으로 흘러들어가면, 세포 안의 단백질 분자들은 이들 원천물질이 엄청난 다양성을 갖는 작은 유기분자들로 전환되도록 촉매한다. 그러면 다른 단백질들은 이들을 연결시켜 세포를 구성하는 거대 분자를 만든다. 이 모든 대사과정에 필요한 에너지는 배양액에 의해 제공되는 원천물질의 분해로부터 얻어진다. 그 대신 폐기물들이 배양액으로 되돌려진다. 그러면 이 대사 에너지는 모두 거대한 다양성을 가진 화학적 요소들을 합성하는 데 사용된다. 이러한 방식으로 세포는 충분히 둘로 나눠질 때까지 성장하는데, 분열하지 않으면 지나치게 커진다. 그 상세한 부분에 대해 우리가 이해하는 것은 일부분에 불과하지만, 이러한 복잡한 과정의 최종 목표는 이전에 하나였던 것이 둘로 되는 것이다. 더욱이, 그러한 방식으로 분열된 각각의 딸세포는 기원이 되는 모세포와 완전히 혹은 거의 동일한 특징을 갖게 된다.

어떻게 이런 일이 일어나는 것일까? 자연이 사용하는 트릭은 유전적인 명령을 중합체에 저장하는 것이다. 이 중합체는 어마

어마하게 긴 분자로, 대장균에서의 전체 길이는 약 1밀리미터이며 이는 박테리아 실제 직경의 거의 천 배에 달한다. 이 거대한 분자는 곧 정확하게 복제되어 하나의 모분자 대신에 두 개의 자손 분자가 된다. 각각의 딸세포는 분열시 이 긴 분자들 중 하나를 갖게 된다.

이 유전물질의 화학적인 성질은 단백질의 성질과 상당히 다르다. 실제로 이들은 핵산(이 경우는 DNA)으로 만들어진다. 대체로 핵산의 조립계획은 매우 단순하다. 핵산은 교대로 나타나는 인산과 당 그룹으로 이루어진 매우 긴 기본 골격을 갖는데, 골격은 '인산—당—인산—당—인산—당' 으로 된 매우 긴 단위들로 진행된다. 각각의 당 그룹에는 네 종류의 다른 분자가 부착된다. 핵산 분자의 앞쪽으로 나아가면, 내가 A, a, B, b라고 부르는 네 개의 잔기 서열이 발견된다. 우리는 이들 네 알파벳의 정확한 서열로 유전정보를 판독한다고 믿고 있다. 사실상, 거의 모든 세포에서 핵산은 서로 감싸면서 연결되어 상보적인 한 쌍의 사슬이 된다. 다시 말해, 하나의 사슬에 큰 잔기가 있으면 그 상대 사슬에는 작은 잔기가 있는 것이다. 게다가, A는 오직 a와 그리고 B는 오직 b와 결합한다.

이 구조의 가장 큰 장점은 복제과정이 단순하다는 것이다.

핵산 조각을 복제하기 위해서는 새로운 사슬로 중합되어 들어가는 네 가지 구성요소가 공급되어야 하지만, 진짜 문제는 이 요소들이 정확한 순서로 들어가는 것이다. 그래야만 새로운 유전정보가 옛것을 정확히 복제하기 때문이다. 그 기술은 상당히 단순하다. 먼저 두 사슬이 분리된 뒤, 각각은 새로운 상대 사슬의 형성을 유도하는 주형으로 작용한다. 만약 어느 위치에 옛 사슬이 A를 갖는다면 a가 새로운 사슬의 반대편 자리에 들어선다. 만약 다른 한편이 b를 갖는다면 그 짝은 B가 될 것이다. 다른 사슬에 존재하는 상보적인 서열에 의해 인도되는 이런 방식으로, 효소는 네 개 알파벳의 어떠한 서열의 합성이라도 지시할 수 있다. 그럼 한 쌍의 상보적인 사슬로 출발해보자. 이들은 분리되고 각각 자신에게 상보적인 사슬을 만들어서, 이전에 하나였던 것이 두 쌍의 상보적인 사슬로 끝나게 된다. 더욱이, 이들 두 자손 분자의 정확한 염기서열은 최초의 모분자서열과 정확히 동일하다. 더 이상 단순할 수 없는 메커니즘이다.

주목할 점은 하나의 효소가 전체 작업을 수행한다는 것이다. 그 효소는 네 개의 알파벳으로 표시되는 모든 서열을 복제할 수 있다. 아서 콘버그[1]와 그 동료들의 훌륭한 연구를 통해 이 기작 또는 이와 매우 유사한 기작이 대장균에서 분리한 효소들과 적절한 원천물질들을 공급한 시험관에서 작동됨이 증명되었다. 이 과정에는 여전히 우리가 이해하지 못하는 부분이 많지만, 적어도 두 개의 사슬은 나란히 배열되어 있는 것이 아니라, 서로 감싸면서 회전하며(이중나선double helix 구조—역자 주), 복제가 일어나기 위해서는 어떤 단계에서 풀려야 한다는 점만은 분명하다. 정확히 어떻게 이것이 일어나는지 우리는 현재 모른다. 게다가, 이 과정은 대단히 정밀한 것처럼 보인다. 아마도 복제 과정에서 효소에 의해 만들어진 실수들을 바로잡는 수선 메커니즘과, 세포가 살아가는 동안 DNA상에 축적되는 손상을 수선하는 메커니즘이 있는 것처럼 보인다.

이러한 구도에서 유전자는 상당히 긴 핵산 분자의 신장 또는 뻗침에 불과하다. 이 유전자를 구성하는 정보는 핵산의 특별한 조작에 따라 네 종류 염기의 정확한 서열로 구성되는 네 알파벳 암호로 작성된다. 그러나 정보란 실제로 사용되지 않는 이상 아무 소용이 없는 것이므로, 우리는 곧이어 "유전자들이 하는 일

1 • 아서 콘버그(Arthur Kornberg, 1918~2007) : 미국의 생화학자이자 분자생물학자. 「DNA의 생물학적 합성기작」으로 세베로 오초아 박사와 함께 1959년에 노벨 생리학과 의학상을 수상하였다

은 무엇인가?"라는 질문을 던지게 된다. 답은 간단하다. 유전자의 주요 기능은 단백질 분자 합성을 지시하는 것으로, 각각의 유전자는 특정 단백질의 합성을 지시하는 데 사용된다. 그러나 유전자가 이 과정을 직접적으로 조절하는 것은 아니다. 대신 일련의 실제 작동 유전자의 복제물인 RNA가 먼저 만들어진다. 이것은 세포로 하여금 모든 유전자로부터의 정보를 동시에 복제하기보다는 특정한 시기에 필요한 유전자들의 복제물만을 만들게 한다. 그러면 길이가 짧은 개개의 RNA가 특정 단백질의 합성을 유도하는 메시지로 사용된다. 그러므로 정보의 흐름은 다음과 같다. DNA—RNA—단백질(센트럴 도그마[2]—역자 주).

이 현상이 어떻게 일어나는지를 말하기 전에, 우리는 단백질이 어떻게 만들어지는지를 고려해야 한다. 흥미롭게도, 핵산을 구성하는 데 사용된 일반적인 계획은 단백질 합성에도 그대로

2 • DNA—RNA—단백질 : 분자생물학의 센트럴 도그마(central dogma). 1959년 크릭에 의해 최초로 제안되었고 1970년 《네이처》지에 논문으로 발표되었다. 개요는 생명체에서는 DNA로부터 RNA가 만들어지고, 다시 이 RNA로부터 암호화된 단백질이 만들어진다는 이론이다. RNA를 유전정보로 갖는 바이러스의 경우 이 RNA를 숙주세포 안에서 DNA로 바꾼 후 이 DNA를 다시 핵 안의 숙주 DNA 가닥에 끼워넣은 후에야 DNA—RNA—단백질 순으로 작동될 수 있다는 약점을 갖고 있다.

적용된다. 단백질 분자들 역시 긴 사슬로 구성되며, 그 기본 골격에는 규칙적인 반복과 간격으로 다양한 잔기들이 부착된다. 물론 단백질의 골격과 잔기들은 화학적으로 핵산의 골격과 잔기들과는 상당한 차이가 있다. 게다가 핵산에는 네 종류의 잔기 그룹이 있지만 단백질의 잔기 그룹은 20개다. 실제로 단백질은 골격과 연결되는 부분과 잔기를 갖는 아미노산이라고 알려진 작은 단량체들이 합쳐져 만들어진다. 예를 들어, 우리 자신은 세포 내에서 필요한 아미노산 20종류 가운데 약 절반만을 만들 수 있다. 나머지 아미노산들은 주로 다른 생명체의 단백질 형태로 음식을 통해 섭취한다. 우리는 소화과정을 통해 이 단백질을 아미노산들로 분해하여 우리 자신의 단백질로 재조립한다.

전형적인 단백질은 보통 하나의 사슬로 구성되며, 길이가 200개에서 400개 이상의 아미노산을 이은 정도지만, 모두 20 단위의 표준적인 세트로 이루어진다. 단백질의 구조와 그에 따른 기능은 각 단백질의 특성인 아미노산의 정확한 서열에 의하여 결정된다. 어떻게 단백질 분자가 접히는지를 결정하는 이 서열은 물을 좋아하지 않는 잔기들은 모두 안쪽에 챙겨넣고, 바깥쪽에 물을 좋아하는 것을 남겨둠으로써 그 모양을 결정한다. 이 과정을 통해 각 단백질은 복잡하지만 비교적 일정한 구조를 띠게 되는데, 여러 빈 공간과 교묘하게 배열된 활성그룹들이 정확한 위치에 자리해서 그 단백질이 독특한 촉매활성을 수행하게 한다.

이러한 방식으로, 균일한 기본 골격과 비교적 적은 종류의 개별 잔기라는 단순하고 대략적인 설계를 따라 비교적 단순하고 균일한 메커니즘으로 대단한 능력과 다양한 재주를 갖는 복잡한 분자들을 구성해내는 것이다. 단백질이 세포의 삶에 있어서 대단히 중요한 위치를 차지하는 것도 바로 이런 이유 때문이다.

그러니 단백질 합성에 있어서 중요한 것은 결국 아미노산들이 각 단백질에서 정확한 순서대로 머리에서 꼬리 방향으로 확실하게 연결되는 일임은 따로 강조하지 않아도 될 것이다. 유전자가 결정하는 이 일은 단순히 핵산을 복제하는 것보다 훨씬 더 어려운 과정이다. 왜냐하면 사실상 네 알파벳 언어로 된 정보를 20알파벳 언어로 번역해야만 하기 때문인데, 이는 결코 쉽지 않은 일이다. 이를 수행하기 위해서는 상당히 정교한 화학장치가 사용되어야 한다. 이 장치는 바이러스 크기 정도의 약간 큰 조각 형태인데, 단백질 합성을 위해 '판독하는 머리 부분'으로 볼 수 있으며 전령 RNAmRNA의 특별한 조각 끝부분에서 이동한다. 이 장치는 테이프mRNA를 따라 움직이면서 RNA상의 서열정보를 판독하고, 그 판독 결과에 따라 아미노산들이 정확한 서열로 첨가되어 단백질이 합성된다. 우리는 이 독특한 과정의 상세한 부분을 전부 알지는 못하지만, 개괄적으로 이해할 만큼은 안다. 이에 더하여, 조립과정을 정확하고 고효율로 만들기 위해 아미노산들을 정확한 위치로 운반하는 데는 상당히 복잡한 보조장치가 필요하다.

어떤 메커니즘에서든 여러분은 핵산의 네 알파벳 언어를 단백질의 20알파벳(단어) 언어로 번역하려면 모르스 부호 같은 것이 필요하다는 것을 짐작할 수 있을 것이다. 전부는 아니더라도 거의 대부분의 암호가 최근까지 발견되었고, 표 1에 나타나 있다. 그 암호는 사실 대단히 단순하다. 핵산의 메시지는 세 개의 염기를 한 번에 읽는, 3개 1조 암호(트리플릿, 코돈 codon[3])다. 총 64개의 가능한 트리플릿이 있으므로 대부분의 경우 하

3 ● 코돈(codon) : 세 개의 뉴클레오티드로 구성된 단위로, 하나의 아미노산에 대한 정보 또는 단백질 합성의 시작이나 정지에 대한 정보를 갖는다. 1961년 미국 NIH의 니렌버그 등이 시험관에서 세포 없이 적절한 효소들과 poly-Uracil(UUU---)을 첨가했을 때 아미노산 페닐알라닌이 새로 합성되는 것을 발견하면서 최초로 제안되었다.

표1 유전부호

두 번째 부호

첫 번째 부호	a	b	A	B	세 번째 부호
a	14	16	19	5	a
	14	16	19	5	b
	11	16	21	?	A
	11	16	21	18	B
b	11	15	9	2	a
	11	15	9	2	b
	11	15	7	2	A
	11	15	7	2	B
A	10	17	3	16	a
	10	17	3	16	b
	?	17	12	2	A
	13	17	12	2	B
B	20	1	4	8	a
	20	1	4	8	b
	20	1	6	8	A
	20	1	6	8	B

표에서 보는 바와 같이 세 염기의 트리플릿으로 암호화된 각 아미노산은 64개의 가능한 트리플릿이 촘촘한 방식으로 구분지어져 있다. mRNA의 네 염기는 a, b, A 그리고 B로 표기되어 있으며, 실제로는 다음과 같다.

a = 우라실　　　　A = 아데닌

b = 시토신　　　　B = 구아닌

20개의 아미노산은 숫자 1에서 20으로 표시되었으며, 21은 사슬 정지를 표시한다.

각 숫자는 다음을 나타낸다.

1. 알라닌	8. 글리신	15. 프롤린
2. 아르기닌	9. 히스티딘	16. 세린
3. 아스파라긴	10. 이솔루신	17. 스레오닌
4. 아스파라트산	11. 류신	18. 트립토판
5. 시스테인	12. 라이신	19. 티로신
6. 글루타민산	13. 메티오닌	20. 발린
7. 글루타민	14. 페닐알라닌	21. 사슬 정지

예를 들어 bAB는 No.7을 나타낸다. 이는 아미노산 글루타민을 암호화하는 시토신-아데닌-구아닌을 의미한다.

나의 아미노산은 하나 이상의 트리플릿과 상응한다. 또한 지금은 비록 일부만 이해되고 있지만, 사슬의 시작과 정지를 위한 특별한 트리플릿이 있는 것으로 보인다.

그러므로 세포의 전체적인 구성은 매우 쉽게 이해된다. 유전 메시지는 네 가지 염기서열로 이루어진 중합체—핵산—가 지니게 된다. 그러면 이 메시지가 뻗어나가 단백질 합성을 지시하는 테이프mRNA처럼 행동하는 다른 종류의 핵산으로 복제된다. 단백질은 20종류의 기본 단위로 구성되며, 유전정보는 아미노산들이 정확한 순서로 결합되어 특정 단백질을 형성하게 한다. 단백질이 만들어지면 이들은 효소로서 (또는 때때로 세포의 구조

성분들로서) 세포가 성장하고 분열하는 데 필요한 많은 화학반응들을 조절한다.

이는 개략적인 메커니즘으로, 다양한 화학반응들이 적절히 맞물리도록 하기 위해서는 상당히 정교한 조절기작들이 존재해야 한다. 이 조절 메커니즘에는 두 가지 유형이 있다. 첫 번째는 작은 분자들의 초과 합성이나 합성 부족이 일어나지 않도록 보장하는 것이다. 다시 말해 첫 번째 기작은 단백질이 만들어지는 방식에는 영향을 주지 않지만, 특별한 단백질이 작용하는 효율에는 영향을 준다. 예를 들어, 아미노산 히스티딘을 만들기 위해서는 일련의 효소 시리즈가 필요할 것이다. 만약, 미리 만들어진 히스티딘이 외부에서 세포 안으로 공급되고 이들 효소가 높은 효율로 작동한다면, 지나치게 많은 히스티딘이 만들어질 수도 있다. 그러나 세포 내에 히스티딘이 너무 높은 농도로 존재하면, 히스티딘 합성 과정의 첫 번째 효소가 억제되어 히스티딘의 합성이 지체되도록 조절된다. 그러므로 이런 단순한 방법에 의해 세포는 히스티딘이 너무 적거나 너무 많지 않도록 조절한다.

이 교묘한 조절기작의 특성은 특정 효소계에서 모든 효소들에 작동하지 않고 대개 첫 번째 효소에만 작용하는데, 만약 첫 번째 효소의 작용이 지체되면 나머지 효소 작용들도 동시에 늦춰진다. 왜냐하면 효소계에서 이전 단계의 효소에 의해 다음 단계 효소를 위한 기질이 적은 양만 공급되기 때문이다. 만약, 이 대사과정에서 분지된 지점이 있다면, 즉 특정한 작은 분자가 두 가지 목적으로 사용될 수 있다면 그 조절기작은 대개 분지된 지점 이후에 일어나서 각각의 두 경우가 독립적으로 조절될 수 있다.

이 메커니즘은 효소계를 구성하는 다양한 단백질 분자들의 합성 효율에는 영향을 주지 않는다. 이는 효소의 작용에는 관여하지 않고 그 합성 효율에만 관여하는 두 번째 메커니즘에 의해 일어난다. 다시, 히스티딘의 예를 들어보자. 만약 히스티딘을 배양액에 추가하면, 히스티딘 합성계의 다양한 효소들을 만드는 데 필요한 유전자들의 작용 스위치가 꺼지는 효과가 나타날 것이다. 이 조절 메커니즘에서는 효소 그룹의 스위치가 함께 작동되기 때문에 시간이 지나면 히스티딘 합성 효소들이 더 이상 만들어지지 않아서, 남아 있던 효소 분자들은 세포가 성장하고 증식하면서 서서히 희석된다. 그러나 히스티딘이 제거되면, 이 모든 효소들의 합성 스위치는 언제라도 다시 켜져 비교적 짧은 지연 이후에 세포는 배양액을 통해 공급되는 원천물질을 재료로 필요한 만큼의 히스티딘을 만들기 위한 충분한 양의 효소들을 갖게 된다.

이러한 종류의 조절 메커니즘은 일반적으로 단일한 효소보다는 효소 그룹에 작용하는 것이 특징이다. 어떤 생명체에서는 그런 효소 그룹의 유전자들이 유전물질에 모두 함께 위치하기도 한다. 우리는 아직 이 조절기작이 어떻게 작동하는지 정확히 알지 못하지만, 유전자들이 나란히 배열되었다는 사실은 이런 경우에 조절이 유전자 수준에 작용하여 그러한 유전자 그룹에 의한 전령 RNA 합성 양에 영향을 주는 것이 가능하리라 추정한다.

이 특수한 조절에 더하여 핵산 합성과 단백질 합성의 전체 효율, 그리고 세포의 성장과 두 개의 딸세포로 분열되는 현상을 조절하는 일반적인 조절이 있어야 한다. 우리가 이해하는 것은 이들 과정의 일부분 정도지만, 우리가 아는 한, 단백질 분자들과 그 산물들의 상호작용의 개념으로도 이는 쉽게 설명될 수 있을 것이다.

이 시점에서 뒤로 되돌아가 지극히 단순한 바이러스의 특성을 고려하는 것은 유용한 일이다. 바이러스들의 모양과 크기는 매우 다양하지만 내가 여기서 살펴보고자 하는 것은 보통 막대

모양이나 원 모양을 한 작은 바이러스다. 더욱이, 이들 바이러스가 조립되는 방식은 극히 단순하다. 각 바이러스의 내부에는 유전정보를 지닌 긴 핵산 사슬이 있다. 두 가닥의 RNA를 갖는 바이러스들도 있지만 대부분의 바이러스들은 한 가닥의 RNA를 갖고 있다. 게다가 일부 바이러스들은 DNA를 갖는데, 큰 바이러스는 대개 두 가닥을, 작은 바이러스는 한 가닥을 갖는다. 그러므로 핵산의 정확한 특성은 별로 중요하지 않다. 중요한 점은 유전물질이 항상 한 종류 또는 다른 종류의 핵산이라는 것이다(DNA 또는 RNA라는 뜻임—역자 주). 작은 바이러스에서 전형적인 핵산의 크기는 대개 약 6천 개의 염기 길이이다. 이는 다시 말해, 네 알파벳 언어로 쓰여진 유전정보 메시지가 보통 약 6천 개의 기호로 이루어져 있다는 뜻이다.

이 비교적 복잡한 유전분자는 전적으로 단백질 분자들로 만들어진 일종의 포장용기에 의해 보호된다. 이는 막대형 바이러스에서는 관벽을 형성하며, 구형 바이러스에서는 구형의 껍질을 형성한다. 어느 경우에나 벽은 완전한 껍질을 만들기 위해 비교적 대칭적으로 서로 포장된 수많은 동일한 소형 단백질 분자들에 의해 형성된다. 바이러스의 유전정보 일부는 이 특별한 단백질을 만드는 데 사용된다. 바이러스의 삶을 위해 필요하지만 벽 구조가 아닌 몇몇 다른 단백질들을 암호화한 유전자들도 있다.

하나 이상의 방법으로 숙주세포의 외부와 접촉한 바이러스는 자신의 핵산을 세포 속으로 뚫고 들어가게 하는데, 대개는 이후의 감염을 대비한 단백질 외피가 더 이상 필요하지 않기 때문이다. 그러면 바이러스는 숙주세포의 합성기구를 전부 또는 일부 접수하기 시작한다. 바이러스 자신은 핵산의 네 알파벳 언어를 단백질의 20문자 언어로 번역하는 정교한 단백질 합성기구를 전혀 갖고 있지 않기 때문이다. 바이러스가 하는 일은 이 숙주세포 안의 화학합성기구를 사용하는 것이다. 핵산에 저장된 지령을 제공함으로써 바이러스는 세포의 삶을 방해하고 궁극적으로는 바이러스 입자들을 완성하기 위해 세포로 하여금 바이러스 단백질을 만들게 하는데, 새롭게 완성된 바이러스들은 세포 바깥으로 나와서 다른 세포들을 계속 감염시킬 수 있게 된다.

그러므로 우리는 바이러스가 가능한 가장 작은 생명체임을 알 수 있다. 바이러스는 단백질 합성에 필요한 모든 메커니즘을 포함하는 환경에서만 증식할 수 있고, 이런 증식은 살아 있는 세포의 바깥에서는 보통 일어나지 않는다. 결론적으로, 바이러스를 생명체라고 부르는 것은 사실상 생명체라는 용어의 가장 경계에 해당하는 표현이라고 할 수 있다. 바이러스는 살아 있는 시스템의 특성들을 일부 갖고 있다. 바이러스는 기하급수적으로 증식할 수 있고, 돌연변이를 일으킬 수도 있으며, 고도로 복잡한 환경에서 매우 독특한 영향을 나타낼 수도 있다. 바이러스는 자신에게 유리하도록 주위에 영향을 미치는 방식으로 바이러스 단백질들의 생산을 지시하기도 한다. 따라서 바이러스는 자연선택에 의해 진화할 수도 있다. 반면 바이러스는 단백질 합성이 일어날 수 있는 환경을 발견하기 전까지는 증식이 불가능하다. 이런 관점에서 보면 바이러스를 살아 있는 시스템으로 보지 않는 것이 맞는 것 같지만, 바이러스와 숙주세포의 조합은 우리가 보통 볼 수 있는 생명체의 필수적인 특성을 갖고 있다고 보아도 좋다. 특히 바이러스 자체는 대사를 할 수 없고, 그래서 더 많은 바이러스 증식을 위해 필요한 에너지를 숙주세포에 의존해야 한다는 점이 그렇다. 이 에너지는 숙주세포 내에서 일어나는 대사과정에서 유래되어야 하는데, 당연히 궁극적으로는 숙주세포들이 자라는 배양액 안의 원천물질에 저장된 에너지로부터 공급된다.

이 시점에서 우리의 주제인 생기론의 특성으로 돌아가보자. 그리고 우리가 그동안 관찰한 다양한 과정들 중에서 어느 것이

'생기론적 원리vital principle' 나 생기론적 현상으로 자리매김할 수 있는지 우리 스스로에게 질문해보자.

효소의 작용은 '절대로 필요한 원리' 이기 힘든데, 이런 작용은 시험관에서도 쉽게 일어나기 때문이다. 더욱이, 거의 모든 효소는 우리가 쉽게 합성할 수 있는 비교적 단순한 유기 분자들에 작용한다. 아직까지 실제 효소를 화학적으로 합성한 사람은 없지만, 우리는 이론적으로 그것이 어렵지 않음을 알고 있으며, 앞으로 5년에서 10년 이내에 실제로 이루어지리라고 꽤 자신있게 예언할 수 있다. 특정 효소에게서 보여지는 상당한 특이성과 민감함은 오랜 자연선택의 결과이기도 하지만, 효소의 작용은 특별한 어려움을 제시하는 것 같지 않다. 현 단계에서는 우리가 가진 지식으로 효소를 디자인하는 것보다는 자연이 진화과정 동안 만들어온 것들을 정밀하게 모방하는 것이 좋은 효소를 합성하는 유일한 방법이다.

효소의 사슬을 포함하는 과정에 추가적인 어려움이 있을 것 같지는 않다. 다시, 여러 효소의 혼합물로 작업함으로써 우리는 시험관에서 이 과정들의 많은 부분을 성취할 수 있다. 이론적으로는 우리가 하나의 효소를 합성하는 것이 가능한 것처럼, 특정 효소 시스템의 모든 효소들을 합성하는 것 역시 결국은 가능할 것이다. 일부 효소 시스템(이에 대해서는 상세히 묘사하지 않겠다)의 작동 여부는 효소들이 독특한 구조물의 일부가 되느냐에 의해 결정된다. 예를 들어, 세포의 대사 에너지를 제공하는 효소들은 주로 고등 세포체 내에서 미토콘드리아라 불리는 작은 소기관 안에 있다. 미토콘드리아는 정교한 막과 상당한 수준의 내부 구조를 갖고 있다. 이런 소기관을 합성하려면 어느 정도 시간이 걸리겠지만, 궁극적으로 우리는 그 구성요소들을 사용하여 미토콘드리아를 조립하는 데 큰 어려움을 느끼지 않을 것이다. 이러한 경우를 제외한다면, 효소 시스템 대부분은 특별한 이론을 내세우지 않고도, 또는 우리가 실험실에서 합성할 수 없는 물질을 포함하지 않고도 만들어질 것으로 보인다.

핵산의 합성에도 같은 소견이 적용된다. 아직은 기술적이고 화학적인 이유들 때문에 지정된 염기서열의 핵산 조각을 합성하는 것이 그리 쉽지는 않지만, 세 개에서 다섯 개의 염기서열과 ABABABABABABABAB……식으로 반복되는 서열을 만드는 것은 이미 가능한 상태다. 우리가 상당한 길이의 염기를 합성하기 위해 필요한 것은 오직 시간뿐인 듯하다.

제기된 논점들을 다시 한번 짚어보자. 이론적으로는 바이러스 핵산 조각을 만들기 위하여 6천 개의 뉴클레오티드의 지정된 서열을 합성하는 것이 가능하지만, 실제 성공률은 상상하는 것보다 매우 낮은 편이다. 우리가 모든 단계에서 99퍼센트의 효율을 얻는다 하더라도, 6천 개의 연속적인 단계를 수행하게 되면, 최종 산물의 양은 반응을 시작할 때의 물질에 비해 그 양이 대단히 적을 것이다. 생물학적인 대상들에서 특정 분자를 합성하는 것이 이론적으로는 가능함을 여러 곳에서 발견하겠지만, 실제적으로 그 크기를 생각해볼 때 이는 엄청난 시간과 막대한 양의 원천물질 없이는 거의 불가능할 것이다. 자연은 대단히 오랫동안 그 작업을 해왔고, 자연선택 과정을 수십억 년 동안 계속해왔기 때문에 그 일을 해내는 것이다. 자연선택은 우리의 실험실에 허용된 훨씬 짧은 시간 내에 이루기에는 쉽지 않은 방법으로 바이러스의 구조를 다듬어왔다. 이론적으로는 시험관 안에서 어떠한 유전물질의 특정 구성성분들을 사용하여 합성하는 것이 가능하겠지만, 길이가 길어질수록 그 작업은 더 어려울 것이고, 가까운 장래에 이루어질 가능성은 더 작을 것이다.

핵산의 구조 역시 그러하다. 비록 현재는 살아 있는 세포로부터 추출한 효소들을 촉매로 사용해야 하지만 핵산의 복제는 이미 시험관 안에서도 일어날 수 있다. 여기서 다시, 이론적으로는 그런 효소가 구성 아미노산들로 합성될 수 있어야 하는데, 이는 특별히 어려운 일처럼 보이지는 않는다. 그러나 현재 그 실제 합성은 그다지 정확하게 일어나지 않는다. 아마도 우리가 세포에서 효소를 추출할 때 손상을 입히거나, 다른 효소(예를 들어, 수선효소)를 잘못 추출하여 사용하기 때문일 수도 있다. 그러나 작은 RNA 바이러스를 사용한 솔 스피겔만과 그 동료들의 최근 연구는 시험관 안에서 전염성 있는 핵산의 양을 대량으로 증가시킬 수 있다는 사실을 의미한다. 이는 정확한 복제가 시험관 안에서도 일어남을 보여준다. 그러므로 우리가 아는 한 기본적인 복제과정에서 우리의 물리학적 경험이나 화학적 경험에 위배되는, 훨씬 잘 설계되고 복잡한 어떤 존재는 없다.

이는 우리가 설명해내지 못하는 것이 거의 없다는 의미이다. 물론, 현재 우리는 세포막이 만들어지는 정확한 과정과 세포 밖으로부터 안으로 분자들을 수송하는 대사펌프에 대해 잘 알지 못한다. 또한 우리는 세포분열의 상세한 내용에 대해서도 잘 이해하지 못한다. 복잡한 유형의 바이러스 입자의 조립에 대해서는 부분적으로만 이해할 뿐이다. 그러나 우리는 가까운 미래에 이 과정들이 시험관 안에서도 일어나기를 기대한다. 세포분열에 대한 질문 또한 조절 메커니즘을 포함하는데, 우리는 생화학적인 개념에서 조절 메커니즘이 어떻게 작용하는지 정확히 알지 못한다. 이는 현재 가장 왕성하게 연구되고 있는 문제들이며, 앞으로 10년 내에는 이들 메커니즘의 작용원리를 이해하고, 세포 밖에서 이들을 재현할 것으로 자신 있게 예측한다.

그런데 우리가 상세한 지식을 모두 획득하기 전에는 세포의 다양한 작동 중에서 어떤 작동이 정말 신비롭게 나타나는가를 알기 어렵다. 분명한 것은 세포가 매우 복잡한 대상이고, 우리가 세포를 합성하는 것은 시작부터 정말 엄청나게 어려운 일이라는 것이다. 그러므로 엄밀한 의미에서 우리가 생명을 창조하기란 쉽지 않다. 대신, 우리가 그 메커니즘의 일부라도 관찰하고 또 그것의 작동원리를 알게 되면, 비교적 단순한 화학물질들로 시작하여 우리 스스로 그것을 합성하는 것은 이론적으로 어렵지 않을 듯하다.

그러므로 물리학과 화학의 개념으로 볼 때 살아 있는 것과 살아 있지 않은 것 사이의 경계선은 우리가 관찰한 것을 설명하는데 그다지 심각한 어려움을 야기하지 않을 듯하다. 물론, 우리가 박테리아와 바이러스로부터 배운 모든 것을 고등 생명체에 그대로 적용할 수는 없지만, 주목할 만한 것은 내가 여기서 기술한 것의 대부분이 고등 생명체에서 잘 응용된다는 것이다. 고등 생명체에서 우리가 합리적으로 확신하는 것은 전부는 아니더라도 주요 세포 내 유전물질이—적어도 좁은 의미에서 사용한다면—하나 혹은 다른 형태의 핵산이라는 것이다. 우리는 DNA와 RNA가 미생물에서 사용되는 방법과 매우 유사하게 바로 자연계 전체에 걸쳐서 사용되고 있음을 본다. DNA는 미생물에서 발견되는 것과 동일한 네 가지 염기로 만들어지며, RNA 역시 마찬가지다. 그러므로 핵산 중합체에서 사용되는 언어는 보편적이다. 약간의 변형이 염기들에서 발견된다 해도, 염기들의 짝짓는 방식에는 영향을 주지 않으며, 핵산의 복제에서 사용되는 상보 메커니즘도 미생물에서나 식물에서나, 우리를 포함하는 동물계에서 모두 동일하다. 약간의 차이는 있으나 단백질 역시 동일한 20개의 아미노산이 자연계 전체에서 사용되고 있다.

물론 인류를 결정하는 데 필요한 유전정보의 양은 작은 박테리아에게서보다는 훨씬 클 것이다. 대장균의 DNA 길이는 약 1밀리미터인데, 그 세포의 직경이 1밀리미터의 천분의 1에 불과함을 고려하면 꽤 긴 것이다. 인간의 세포는 이보다 훨씬 복잡한데, 많은 염색체로 나뉘어 있다. 세포 하나에서 얻은 DNA 분자를 모두 끝에서 끝까지 나열하면, 약 2미터에 달한다. 그렇나면 우리 몸의 모든 세포들로부터 얻은 DNA 분자를 나열하면 길이가 얼마나 될까. 그 길이는 지구에서 태양까지의 거리만큼이나 길 것이다. 우리 세포의 일부가 그렇게나 길게 펼쳐질 수 있다는 것은 놀라운 일이지만, 이는 일상적인 DNA 분자의 직경이 겨우 약 열 개의 원자 정도로 대단히 가늘기 때문이다. DNA가 대단히 가늘다고 말하는 것은 사실 대단히 자기중심적인 생각이다. 분자의 관점에서 볼 때 우리는 원자에 비해 엄청나게 거대하다. 달리 표현하자면 개체 하나가 만들어지기 위해서는 엄청난 수의 원자들이 필요하다는 뜻이다. 우리 몸의 DNA는 다음과 같은 놀라운 방식으로도 생각할 수 있다. 하나는, 정자 하나로부터 얻은 DNA 분자를 사용하여 얼마만큼이나 '기록될' 수 있는지 계산하는 방식이다. 이는 대략 두꺼운 책 5백 권 분량인데, 웬만한 개인 도서관만한 크기이다. 한 인간의 복잡한 삶을 구성하는 데 얼마나 많은 정보가 필요한가를 생각해보면 이는 사실 놀라운 일도 아니다. 다른 계산은 전체 인종의 유전물질에 관해서다. 만약 현재 생존하는 모든 사람들에게서 딱 하나씩의 세포로부터 DNA를 얻으면, 얼마만큼의 공간을 차지할까? 물론, 여러분의 유전자 대부분은 내 것과 동일하기 때문에 수집한 DNA들의 대부분은 반복적일 것이다. 그럼에도 불구하고, 그것은 약간 큰 물 한 방울 크기의 부피에 저장될 수 있다.

핵산과 단백질 그리고 사실 내가 아직 언급하지 않은 많은 생물학적 분자들은 모두 공통된 특징을 갖고 있다. 이들은 모두 '한쪽 손' 일 뿐, 두 쪽 손의 혼합이 아니라는 사실이다. 어떤 종류의 유기 분자들은 두 가지 형태로 존재할 수 있다. 임의로 하나를 오른쪽이라 부른다면, 다른 쪽은 먼저 것의 거울에 비친 상이며 왼쪽이라 부를 수 있다. 특정 분자들은 자연계에서 오직 한쪽 손으로만 나타난다는 사실은 오래전부터 잘 알려진 바다. 예를 들어, 단백질에서 발견되는 아미노산은 항상 'L' 혹은 '레보' 아미노산이라 불리는 것들이며, 결코 'D' 또는 "덱스트로" 아미노산이 아니다. 두 거울상 중 하나만이 단백질에서 나타날 수 있으며, 이는 그 아미노산의 유래가 미생물의 단백질이건, 식물 또는 동물이건 사실이다.

마지막으로, 우리는 네 개 알파벳 언어의 핵산과 20알파벳 언어의 단백질로 서로 연관된 유전암호가 매우 비슷하다는 것은 이미 알고 있다. 자연계 전체에서 완전하게 동일한지는 확신할 수 없지만. 이런 사실들은 모든 생명체의 공동 기원을 암시한다. 그렇지 않다면, 오늘날 우리가 발견하는 시스템들 간에 왜 차이가 없는지를 설명하기 힘들 것이다. 살아 있는 것, 즉 생명체가 어떻게 출현했는지를 고려할 때 이 점은 우리가 설명할 필요가 있는 중요한 논점 중 하나일 것이다.

3

우리 앞의 전망

"유전의 근본적인 측면들이 이렇게나 놀라울 정도로 단순하다는
사실이 판명됨으로써 우리는 자연이 결국은 완전히
접근 가능한 것인지도 모른다는 희망을 품게 된다.
자연의 잘 알려진 불가사의함은
다시 한 번 우리의 무지로부터 기인한 환상임이 밝혀졌다.
이는 매우 고무적인 일이다. 만약 우리 친구들 중
누군가가 우리로 하여금 생물학이 엄밀한 과학이 될 것이므로
절망할 거라고 믿게 할 만큼 이 세상이 복잡하다면 말이다."

-T.H. 모건, 1919.

우리는 분자생물학이 이미 가장 작은 생명체 내에서 일어나는 많은 근본적인 과정들을 객관적으로 설명한다는 것을 보았다. 그러므로 살아 있는 것과 살아 있지 않은 것 사이의 이 경계선에는 특별한 것이 없음을 확신하기 위해 우리에게 더 필요한 지식이 무엇이냐고 묻는 것은 비합리적인 일이 아니다. 지금 언급하고자 하는 프로젝트는 대장균에 대한 완전한 규명이라고 할 수 있다. 이 미생물에 대한 모든 것을 발견하고 나면 우리는 그것의 어떤 기능을 연구하든지 간에 우리가 아는 구조의 구성

성분(요소)의 상호작용에서 기인한 것임을 설명할 수 있다.

이는 분명히 중요한 프로젝트다. 아마도 대장균에는 2~3천 개의 유전자들이 있을 것이다. 각 유전자가 하는 일과 그 대부분 유전자에서 나온 산물의 분자구조에 관해 무엇인가를 알아야 할 것이고, 모든 조절 메커니즘—세포막과 세포벽의 구조와 기능, 그리고 또한 세포분열의 메커니즘—, 즉 그들이 어떻게 작용하고 무엇이 그들을 꾸미는가를 이해해야 할 것이다. 이 특별한 문제는 앞으로 오랫동안 많은 과학자들을 매우 분주하게 만들 것이다. 그러나 한편으론, 이는 많은 연구자들이 효율적으로 참여할 수 있는 프로젝트이기도 하다. 왜냐하면 목표가 매우 분명해서 다수의 과학자들이 연구할 경우, 풍부한 지식이 축적될 것이기 때문이다.

내 생각에는 이런 방식을 통해 살아 있는 세포를 이해하는 것이 구성요소들로부터 세포를 완벽하게 합성해내는 것보다 훨씬 더 중요해 보인다. 우리가 이 모든 지식을 갖게 될쯤이면, 우리는 원할 경우, 어떠한 생명체의 조각이라도 합성할 수 있을 게 확실하다. 이 조각들을 모두 합성하고 그런 작은 스케일에서 서로 조립하는 것의 문제는—비록 환상적이긴 하지만—모든 것을 인공적으로 만들 때 들여야 하는 엄청난 노력에 비하면 아무

것도 아닌 것으로 보인다. 세포를 분해하고 잘게 부순 세포들로부터 얻은 구성요소들과 일부 화학적인 합성으로 만든 것을 함께 사용하여 그 조각들을 다시 조립할 수 있다면, 그것이야말로 훨씬 합리적인 작업일 것이다.

그러나 이 모든 지식도 우리에게 다세포 개체, 특히 우리 자신과 같은 개체들의 습성에 대해서는 알려주지 않는다. 형태 형성, 고등 생명체 구조의 기원에 대한 주제—예를 들어, 우리의 뼈와 신경과 근육이 어떻게 정확한 위치에서 나타나고, 우리 눈이 어떻게 형성되는지—는 지금도 왕성하게 연구되고 있으며 그와 관련된 지식은 계속 증가할 것이다.

물론 우리는 고등한 생명체에 미생물에서는 일어나지 않는 조절 메커니즘들이 추가로 존재한다는 것도 알게 될 것이다. 게다가 이미 그중 일부는 알고 있다. 예를 들어, 호르몬의 특성과 이들이 어떻게 작용하는가에 관해서 말이다. 추가로, 우리는 성장 중인 동물뿐 아니라 동물이 부상당했을 때 작동하는 다양한 치료과정에서 하나의 세포가 어떻게 다른 세포를 인식하고, 또 어떻게 정확한 위치로 이동하는지를 배워야만 할 것이다.

모두 상당한 시간이 걸리는 일이며, 그 과정에서 많은 흥미로운 발견이 이루어질 것이다. 그러나 현재 우리의 지식으로는 설명이 불가능한 어떤 것을 예측하기가 쉽지 않다. 왜냐하면 우리는 세포가 엄청나게 다양한 단백질들을 만들 수 있다는 것과 또한 단백질이 엄청나게 다재다능하고 민감하다는 것을 알기 때문이다. 단백질들은 상당히 큰 세포 수준에서 세포가 기능하기 위해 필요한 과정들을 분자 수준에서도 수행한다. 예를 들어 우리는 이미 근육수축과 화학적 에너지를 일로 전환하기 위해 어떻게 두 종류의 단백질 필라멘트가 서로 미끄러지는가에 대해 알고 있다(근섬유의 활주설[1]). 상세한 것까지 완전히 이해하기는 어렵겠지만, 나는 이러한 종류의 운동이 물리학적인 기초 위에서 쉽게 설명될 수 있으리라고 확신한다. 신경에 대해서도 마찬가지다. 또한 우리의 지식으로 세포가 이용할 수 있는 분자유형에 관해 이해하는 것도 어렵지 않을 것으로 보인다.

분자생물학과 관련된 지식은 분명 생명의 기원에 관한 영역으로 확장될 것이다. 우리는 기원의 시점을 대단히 오래전—아마도 20~30억 년 전—에 일어난 단계라고 정의하며, 그 당시

1 ● 활주설(sliding theory) : 골격근은 액틴(actin) 섬유와 미오신(myosin) 섬유로 구성되는데, 미오신 섬유 사이로 액틴 섬유가 미끄러져 들어가서 근절이 짧아지면서 근육이 수축된다는 설.

의 세계에 대한 대략적인 그림을 갖고 있다. 특히 우리는 당시의 대기에 산소가 없고 사실상 환원 상태였으며, 전기방전과 자외선의 작용을 받아 대기의 기체들이 단순한 유기화합물로 전환되었으리라고 믿는다. 이들은 곧 바다에 녹았을 것이며, 그 결과 그 시기의 원시 대양은 많은 종류의 비교적 단순한 유기분자들이 희석된 수프처럼 보였을 수도 있다.

어떻게 그 수프가 상하지 않았을까 의문스럽겠지만 답은 명확하다. 원시 대양에는 상하게 만들 만한 생명체가 전혀 없었다! 이때의 모든 화학 분자들은 대부분, 오랜 시간의 척도에서, 어느 정도의 불안정성으로 인해 스스로 붕괴되었을 것이다. 전기방전과 이와 유사한 과정들에 의해 분자들이 합성되고 이들이 자발적으로 붕괴되어 다른 화합물이 만들어지는 동안, 일종의 안정상태에 도달했으리라는 것이다.

최종적으로, 이 단순 분자들은 서로 결합하여 중합체가 되었을 것이고, 이 중합체들은 흥미로운 방식으로 상호작용을 시작해야 했을 것이다. 중요한 점은 자연선택이 작동을 시작하였을 것이고, 이때부터 그 시스템이 스스로를 개선해갔을 것이라는 점이다. 예를 들면, 시스템이 대양에서 복잡한 유기 분자들의 공급을 다 소모하게 되면서 여전히 대양에 존재하는, 충분히 가용한 보다 단순한 분자들로부터 자신을 위한 복잡한 혼합물을 만드는 데 필요한 효소들이 즉석에서 만들어졌을 것이다. 자연선택이 작동하기 이전에는 모든 것이 어느 정도 우연히 일어나야만 했는데, 비록 상당한 가용 공간과 시간을 갖더라도 우연히 일어났을 것으로 상상할 수 있는 것들의 수는 매우 제한적이다. 실제 '기원'은 틀림없이 꽤나 드문 사건이었을 것이다. 사실 나는 이런 일이 일어난 것은 단 한 번뿐이었다고 주장한 적이 있다.

현재 이 주제에 관한 연구는 적당히 고무적인 상태에 있다. 화학자들은 이미 얼마나 많은 보다 단순한 유기물들—아미노산, 당, 염기 등등—이 여러 합리적이고 그럴듯한 메커니즘들을 통해 그 시스템에 들어갈 필요가 있었는지를 설명할 수 있다. 머지않아 우리는 수프를 구성하는 지극히 단순한 분자들의 기원을 설명하게 될 것이다. 이 물질들보다 약간 더 복잡하고 활성화된 형태들이 어떻게 만들어졌는지는 아직 분명하지 않지만, 이는 다시 화학자들이 향후 몇 년간 숙고할 문제이다. 우리는 실험실에서의 모델실험을 통해 다수의 흥미로운 가능성들이 발견되기를 희망한다.

일단 그런 활성화된 전구물질이 형성되면 이들은 중합과정에 의해 결합하기 시작했을 것이다. 그러나 유기물의 농도는 상당히 낮았을 것인데, 비교적 묽고 빈약한 수프를 특별한 장소에서보다 풍부하고 양분이 많은 형태의 수프로 농축시킨 메커니즘에 대한 아이디어도 보충되어야만 한다. 이제 좀더 어려워 보이는 단계로 들어가보자. 자연선택이 시작된 순간, 그곳에는 단백질 없이 핵산만 존재했을까? 아니면 그 반대로 단백질만 있고 핵산은 없었을까? 이는 양자택일하기 어려운 문제다. 만약 우리에게 단백질만 있었다면 단순한 복제과정을 생각하기 쉽지 않았을 것이고, 반면 핵산만 있었다면 복제는 쉽게 이루어졌겠지만 어떻게 핵산이 필요한 촉매활성을 제공할 수 있었는지를 알기가 어렵다. 내 눈에 좀더 그럴듯하게 보이는 세 번째 가능성은, 자연선택이 시작되었을 때 핵산과 단백질이 둘 다 존재했고, 단백질 합성은 오늘날과 비슷한 방식으로 조잡하게 핵산과 결부되어 있었으리라는 것이다. 얼핏 보면 우연히 일어나기에는 대단히 복잡한 메커니즘처럼 보이지만, 어느 정도는 원시적인 방식으로도 시작될 수 있으며, 완벽하지는 않더라도 시스템을 작동시키기에 충분하다.

생명의 기원을 연구하는 데 있어서 가장 어려운 문제는 이미 오래전에 일어났다가 사라진 일이어서 실험적인 증거를 보여주는 데 한계가 있다는 점이다. 우리에게 남겨진 모든 것은 어느 정도 오늘날 우리가 보는 생명체 내의 냉동된 역사다. 이는 과학적인 연구를 매우 어렵게 만드는데, 부정할 수 있는 사실들보다 이론이 더 많기 때문이다. 나는 이 주제와 관련되어 적절한 과학적인 방법이 개발되는 대신, 이것이 거의 신화처럼 될 가능성이 크다고 본다. 각각 강력하게 지원될 여러 학설들을 내세우는 여러 학파들이 출현할 것이고, 우리가 선택하기에는 그 사실들이 불충분할 것이다. 그 주제가 증명되지 않은 학설의 늪에 절망적으로 빠지지 않기 위해서는 이 분야에 종사하는 과학자들은 아이디어를 제창하기보다는 증거를 찾는 일에 훨씬 더 노력을 기울여야 할 것이다.

지구의 일부인 어느 차가운 암석에 숨어 있는 게 아니라면, 실험적인 증거는 운석 속이나 달 또는 화성의 표면 어딘가에 있을지도 모른다. 19세기에는 결코 도달할 수 없는 곳이기에 별이 무엇으로 만들어졌는지 절대 알 수 없으리라고 자주 이야기되었다. 이제 우리 모두는 이것이 얼마나 어리석은 예언이었는지 알고 있다. 생명의 기원에 관한 증거를 얻는 데 있어서의 어려움들에 관련된 비슷한 진술들 역시 머지않은 장래에 비판받기를 희망할 뿐이다.

이제 우리는 다른 민감한 영역, 즉 고등 신경계에 대해 얼마나 많이 알고 있는지 숙고해야 한다. 뇌의 작용은 뇌를 구성하고 서로 영향을 주는 신경들의 작용을 기반으로 하고 있다. 개별 신경세포의 특성 대부분은 이제 어느 정도 잘 이해되고 있다. 아마도 긴 신경을 따라 신호가 전송되는 것에 관해 가장 중요한 특성은 실무율[2]일 것이다. 신호는 스스로 재생되며, 축색의 한 끝에서 일단 시작되면 이를 따라 일정한 속도와 진폭으로 축색의 반대쪽으로 전도되는데, 신호의 실제 진폭에는 아무런 정보도 포함되어 있지 않다. 신경을 따라 전송되는 정보는 전적으로 그 펄스의 빈도에 의해 수송된다. 이는 아마도 단일 발견으로는 가장 중요할 터인데, 뇌는 실제로 다른 원리들에 의하지 않고 개개의 신경들로 구성되기 때문이다.

우리는 또한 한 뉴런에서 다른 뉴런으로 신호가 전달된다는 것을 알고 있는데, 시냅스[3]라고 불리는 부위에서 전도 메커니즘이 일어난다. 때로는 전기적일 수도 있지만, 대부분은 화학

2 • 실무율(all-or-none) : 단일한 신경섬유나 근섬유가 역치(threshold) 이하의 자극에서는 반응하지 않지만, 역치 이상의 자극에서는 자극의 세기에 관계없이 반응의 크기가 일정하게 나타나는 현상.

적이다. 그 신호는 활성신호이거나 억제신호 둘 중 하나일 것이다. 이들 신호의 화학적 성질과 이들이 어떻게 작동하는가에 대한 지식이 급속히 축적되고 있다. 그러나 두 신경세포의 상호작용에는 미묘한 측면들이 많고, 그에 대한 이해 역시 아직은 매우 빈약한 수준이다.

신경 시스템의 대략적인 개요에 대해서도 우리는 잘 알지 못한다. 신경섬유의 엄청난 다발이 한 곳에서 다른 곳으로 뻗어나가는 복잡한 메커니즘은 분명히 일반적인 구성원리들에 기초를 두고 있을 것이다. 뇌의 신경 시스템은 약간 두꺼운 판들로 조직된 것처럼 보인다. 2차원이나 3차원이라기보다는 마치 2.5차원에 기초한 구조 같지만, 최근 연구들로 얻어진 한두 가지 힌트를 제외하고는 신경세포들이 모여 집단을 이루는 방식은 사실 잘 모른다. 언제 배아에서 신경세포가 자라는지, 또 어떤

3 • 시냅스(synapse) : 통상 한 신경세포(뉴런)의 축색돌기 말단과 다음 뉴런의 수상돌기 사이의 연접 부위를 지칭하지만, 말단-축색, 말단-말단, 축색-축색 간의 연접도 가능하다. 연접 형성시 대부분 아주 미세한 공간이 형성되는데, 앞세포의 말단까지 내려온 전기적 신호가 화학적으로 바뀌어 말단에 저장된 신경전달물질이 공간으로 방출되고, 이 물질이 뒤세포막의 수용체에 결합하면 다시 전기적인 신호로 전환된다. 극미세 공간이 없는 연접에서는 앞세포의 전기적 신호가 뒷세포로 그대로 전달된다.

개체에서 언제 재생되는지는 물론이고 어떻게 하여 신경세포들이 정확한 위치로 가는지와 정확한 접촉을 하는 방법을 발견하는지도 잘 알려져 있지 않다. 이 정보는 대부분 유전물질 안에 실려 있어야 하는데, 우리는 어떻게 이 정보가 발현되는지에 대해 어떤 아이디어도 갖고 있지 않다. 신경세포 쌍 사이에 접촉을 위한 개별적인 유전자가 있는 것 같지도 않은데, 그럴 만큼 유전자가 충분하지 않기 때문이다. 추측하기로는, 보편적인 지시들과 보다 특수한 지시들이 어떤 원리에 의해 반복되면서 일어나는 것 같지만, 현재로서는 상세한 내용을 전혀 알 수 없다.

뇌가 어떻게 학습하는가—어떻게 기억하는가—를 생각하면, 우리의 지식은 더욱 암흑 속으로 빠져든다. 현재 이 과정에 어떤 화학적인 작용이 일어나는지를 발견하기 위한 연구들이 진행되고 있지만, 내가 보기엔 길고도 어려운 과제가 될 듯하다. 오히려 나는 신경계를 구성하는 유전적인 메커니즘의 특성이 알려지기까지는 그 문제가 풀리지 않을 것으로 추측한다. 기억은 유전자들 아래 놓인 신경 시스템의 작은 수정 또는 변경이며, 따라서 이들 유전자의 작용원리가 파악된 후에야 우리가 그것을 이해할 수 있다고 생각하는 것이다.

말했듯이, 신경세에 대한 우리의 지식이 현재 대단히 원시적인 상태에 있다. 신경생물학을 지난 10년에서 15년 사이에 상당히 빨리 진보한 분자생물학과 비교하는 것은 매우 불공평한 일이다. 왜냐하면 우리가 가장 알고 싶어하는 것들이 두 경우에 꽤나 다르기 때문이다. 분자생물학에서 우리는 살아 있는 것과 살아 있지 않은 것 사이의 경계선에 대해 주로 흥미를 느끼며, 비교적 단순한 과정들이 쉽게 설명되기를 기대한다. 우리는 손의 손가락 형성 또는 머리에서의 머리털 자라기 등과 같은 형태 형성에서 발견된 종류의 복잡한 작동들에 대해서는 아직 고려하지 않고 있다. 신경계에 대해서 우리는 이미 일반적인 방식으로 기본 요소인 뉴런의 작용을 이해하고 있다. 이 경우 우리는 우리 자신을 이해하고 싶어한다. 어떻게 우리 두뇌가 작용하고, 왜 우리는 지각하는 것일까? 그러므로 전체로서의 시각으로 개체의 습성과 그러한 습성이 어떤 복잡한 상호작용에 의해 만들어지는지를 파악할 필요가 있다. 이러한 이유로 나는 신경계 연구가 우리가 가장 흥미로워하는 우리 자신에 대한 연구들보다 더 오랜 기간 동안 계속되어야 한다고 생각한다.

오늘날 매우 급속히 발전하고 있는 컴퓨터에 대한 연구 역시 신경계에 대한 또 다른 접근방식이라 할 수 있다. 여기서 첫 번째로 주의할 점은, 아무리 복잡한 컴퓨터도 인간의 두뇌보다는 훨씬 단순하다는 점이다. 이는 둘을 구성하는 요소들의 수만 세어보아도 쉽게 알 수 있다. 두뇌에는 인간이 만든 가장 큰 컴퓨터 안에 있는 부속들보다 약 천 배 이상 많은 신경세포가 있다. 또한 두뇌는 작은 공간 안에 신경세포들을 꽉 채워 담을 수 있고 매우 적은 에너지로도 작동한다는 엄청난 장점을 갖고 있다. 그러나 현대의 컴퓨터도 반도체와 기로회판을 더 많이 사용하면서 물리적인 크기를 점점 줄이고 있다. 비록 가까운 장래에 부속품들을 신경세포만큼 작게 할 수는 없겠지만, 몇 년 전처럼 크기 면에서 크게 차이 나지는 않을 것이다.

가장 중요한 것은 현대의 컴퓨터가 작동할 때 두뇌에서 볼 수 있는 것과는 확연히 다른 시스템에 기반을 두고 있다는 점이다. 컴퓨터는 이진법을 사용하여 작동하며 지극히 정밀하다. 반면 우리의 두뇌는 이진법으로 작동한다는 증거를 발견할 수 없으며, 더욱이 그다지 정밀하지도 않다. 그러나 두뇌는 상당수의 신경세포를 잃어도 작동하는데(우리가 늙어가면서 매일 상당수가 죽는다), 하나의 특정 요소가 손실되어도 두뇌 전체의 작동이 망가지지 않을 정도로 정밀하지 않기 때문인 듯하다. 반면에 컴퓨터는 가능한 한 모든 부속들이 만족스럽게 작동할 때만 문제가 없도록 설계되어 있다.

컴퓨터가 두뇌보다 훨씬 유리한 점은 작동의 기초연산이 엄청나게 빠르다는 것이다. 그 '맥박수', 즉 연산속도는 두뇌에서 신호를 보내는 속도에 비해 약 천 배나 빠르다. 결과적으로 두뇌가 한참 걸려도 감히 시도해보지 못할 과제를 아주 작은 컴퓨터조차도 수행하는 것이다. 반면 두뇌는 다중 입력장치다. 1백만 개 이상의 신경섬유들이 눈으로부터 두뇌로 들어가며, 이들 중 많은 수가 동시에 신호를 운반할 수 있다. 그러므로 컴퓨터 대부분의 작동(연산)이 비교적 직렬적으로 일어나는 데 반해 두뇌의 요소들은 비교적 병렬적으로 작동한다. 컴퓨터는 정해진 시간에 하나의 특정한 작업이나 최소한의 다른 작업을 수행하는 데 집중할 수 있는 방식으로 만들어졌다. 이러한 이유로 컴퓨터는 우리의 두뇌보다 직접적인 계산을 훨씬 빨리 수행한다. 반면 우리 두뇌는 친구의 얼굴을 인식하는 것과 같은 복잡한 일을 놀랄 만큼 빨리 수행해낸다.

현대의 컴퓨터가 할 수 있는 일들을 살펴보는 것은 즐거운 일이다. 예를 들어, 체커게임을 하도록 프로그램된 것이 있다. 게임이 끝날 때마다 컴퓨터가 평가를 하고 게임방법을 최적화하도록 그 전략을 조정하는 유형의 게임이다. 컴퓨터는 곧 그 프로그램을 제작한 사람까지도 이길 수 있게 된다. 몇몇 사람이 훨씬 더 어려운 게임인 체스를 할 수 있는 프로그램을 만들어냈다. 아직까지는 매우 평범한 체스밖에 못 두지만, 향후 20년 이내에 훨씬 정교한 프로그램을 보유한 컴퓨터가 출현하여 기계가 세계 챔피언이 되리라고 생각하는 사람들도 있다.[4]

컴퓨터 프로그램은 또한 어느 정도 일반적인 지시가 주어진 상태에서 다양한 유클리드의 기학학 정리들을 증명하도록 짜여질 수 있다. 한 가지 주목할 만한 점은 그러한 프로그램을 사용하여 컴퓨터가 지난 2천 년간 사용되어온 것보다 훨씬 간단한 증명을 새롭게 고안했다는 것이다. 사실 그것은 너무나 단순해서 사람들이 이 특별한 정리를 그 같은 방법으로 증명할 수 있다는 것을 알아채지 못했었다.

프로그램들은 또한 교육목적으로도 활발히 짜여지고 있다. 예를 들어, 젊은 의사에게 문제를 제시하고, 어떤 (상상) 테스트를 수행해야 할지를 지시하고, 그가 수행한 것에 대해 반대심문을 하고, 그의 진단을 비평하고, 그에게 다시 시도하거나

4 • 1996년 체스 세계 챔피언 카스파로프와 슈퍼 컴퓨터 'Deep Blue'의 대결에서는 인간이 승리했지만, 1997년 카스파로프와 업그레이드된 'Deeper Blue'와의 대결은 슈퍼 컴퓨터의 승리로 끝났다

되돌아가 다른 종류의 증거를 조사하도록 하는 프로그램도 있다. 최근에는 환자와 대화하는 정신과의사의 행동을 모의시험하는 흥미로운 프로그램도 만들어졌다. 이 상황의 가장 큰 장점은 '환자'는 '정신과의사'에게 질문할 수 없지만, '정신과의사'는 항상 새로운 주제를 시작할 수 있다는 것이다. 이는 프로그램 제작을 매우 용이하게 하는데, 왜냐하면 컴퓨터는 상당히 간단한 단어들로부터 실마리를 얻기 때문이다. 다음은 실제 사람과 IBM 7090 컴퓨터 사이에 일어난 교환의 예다. 이 프로그램은 MIT의 전기공학과 교환교수인 조지프 와이젠바움[5]에 의해 제작되었으며, 30명까지 동시에 컴퓨터를 사용할 수 있는 새로운 시간-공유 시스템의 기술적 특성들을 설명하기 위해 설계되었다. 대화는 자판에 의해 실행된다. '환자'가 말하고 싶은 내용을 소문자로 친 뒤 버튼을 두 번 누르면, 컴퓨터 대문자로 답한다. 대화는 이렇게 이어진다.

5 • 조지프 와이젠바움(Joseph Weizenbaum, 1923~2008) : 독일계 미국인으로 인공지능 연구의 선구자. 이 책에 소개된 프로그램은 1996년 개발된 ELIZA였으며, 많은 사람들이 그 프로그램을 심각하게 받아들이는 데 충격을 받고 인공지능에 대한 비판자가 되었다.

정신이 산만한 젊은 여성이 컴퓨터와 상담하는 중이다.*

- 남자는 다 똑 같아요.

어떤 면에서요?

- 그들은 항상 이런저런 일들로 우리를 괴롭혀요.

특별한 예를 들 수 있나요?

- 음, 나는 남자 친구 때문에 여기 왔어요.

당신 남자 친구 때문에 여기 왔군요.

- 그는 내가 우울하다는 것을 눈치챘어요.

당신이 우울하다니 유감이군요.

- 그가 옳아요. 나는 행복하지 않아요.

여기 온 것이 당신의 행복하지 않은 느낌에 도움이 될까요?

- 나는 정말 도움이 필요해요.

당신이 도움을 받는다는 것이 무슨 의미인가요?

- 아마 나는 엄마와 잘 지내는 법을 배울 수 있을 거예요.

당신 가족에 대해 좀더 말해봐요.

- 저희 엄마는 저를 돌봐줘요.

* *The Harvard Review*, III, No. 2, 70~71에서 인용.

당신 가족 중 또 누가 당신을 돌보나요?

– 아빠요.

당신 아빠군요.

– 당신은 여러 면에서 우리 아빠와 닮았어요.

어떤 점이 닮았나요?

– 당신은 그다지 공격적이지 않은데, 그러면서도 내가 그 점을 알아채기를 원하는 것처럼 보이지 않아요.

당신은 무엇 때문에 내가 별로 공격적이지 않다고 생각하게 되었나요?

– 당신은 나하고 말다툼하지 않아요.

왜 내가 당신하고 말다툼하지 않는다고 생각하나요?

– 당신은 나를 걱정해줘요.

내가 당신을 걱정한다고 믿으면 당신은 만족스럽나요?

– 아빠는 내가 아빠를 걱정한다고 생각하면 만족해요.

아빠를 생각하면 또 어떤 것이 마음에 떠오르나요?

– 약자를 괴롭히는 사람들.

당신을 여기에 오게 한 것 외에 당신 남자 친구는 또 무엇을 했나요?

여러분은 어느 시점에서 '환자'가 '닮았다'라는 단어를 사용했다는 것을 알게 된다. 아마도 "어떤 점이 닮았나요?"라는 컴퓨터의 질문에서 실마리를 얻었을 것이다. 이런 단순한 실마리와 다른 트릭을 사용하면 단순한 프로그램을 사용하여 신빙성 있게 들리는 대화를 구성할 수 있다. 심지어 정신질환을 앓는 사람들을 위한 치료 서비스를 제공하기 위한 대화까지도 가능하게 하여, 그에게 '동정적인' 사람과 대화를 나누게 할 수도 있다. 그러나 그런 컴퓨터와 대화해본 사람은 정서적으로 상처를 받기도 하는데, 상대의 말을 무시하고 자주 단순하고 새로운 질문만을 던지는 어느 정도는 거만한 태도를 보이기 때문이다. 하지만 이런 종류의 정교함을 갖춘 컴퓨터와 프로그램은 상당히 다양한 분야로 확장될 것이 분명하다.

현재 탁구를 그런대로 잘 치는 어떤 컴퓨터에 대한 얘기가 돌고 있다. 본래 방사성 물질들을 다루기 위해 개발된 기계 팔과 어떤 시점에서든 공의 위치를 입력할 수 있도록 카메라 두 대를 컴퓨터에 장착함으로써 가능한 일이다. 상대 선수가 공에 너무 회전을 걸지만 않는다면 이 컴퓨터는 제법 경기를 잘 한다고 할 수 있다. 그럼에도 불구하고, 아직은 문제가 되는 단순한 작동이 많다. 하나는 글자를 읽는 능력이다. 컴퓨터가 다양한 크기,

모양, 글씨체의 ‘s’를 인식할 수 있도록 하는 프로그램을 짜는 것은 결코 쉬운 일이 아닌 듯하다.

내 생각에 컴퓨터의 사용이 불러올 가장 놀라운 일은 고도로 정교해져서 사람과 컴퓨터가 모니터상에서 대화를 나누는 일일 것이다. 표준적인 질문은 “어떻게 사람이 컴퓨터와 대화를 할 수 있을까? 질문을 받으면 컴퓨터가 이를 알아듣는다고 가정하고 질문이 의미하는 바를 말할 것인가?”일 것이다. 물론 컴퓨터는 ‘교육’을 받을 수도 있지만, 인간 역시 그러하다. 많은 사람들은 이런 방식으로는 인간을 모방하는 것이 결코 가능하지 않으리라 믿지만, 컴퓨터 분야에서 일하는 사람들은 어느 정도 이에 상반되는 관점을 갖고 있으며, 우리가 생존하는 동안 이러한 진보를 목격하게 될 것이라고 생각한다.

비록 지금은 그렇지 못하지만, 나는 컴퓨터와의 상호작용이 평범한 일상생활의 일부가 될 것임을 확신한다. 말하는 것을 컴퓨터가 글로 쓰고 어떤 장치를 통해 이를 쉽게 읽는 날이 결국은 올 것이다. 사람들이 컴퓨터에게 말하는 일종의 텔레비전 프로그램이 등장할 것이다. 그들의 단어들은 단순히 글자로 입력되고 어떤 매개체에 의해 컴퓨터로 전달된다. 그러면 컴퓨터는 타자기를 통해 모니터에 응답할 것이고, 사용자는 컴퓨터가 말한 것을 읽게 되는 것이다. 나는 머지않아 이런 유의 텔레비전 프로그램이 나타날 것이며, 프로그램만 정교하다면, 선풍적인 인기를 얻을 것이라고 생각한다. 사실 나는 이런 종류의 쓰기 프로그램을 통해 새로운 저술 직종이 출현할 것이라고 생각한다. 말하자면 분명히 엄청나게 재미있는 문예비평을 위한 프로그램이 고안될 것이라는 말이다. 혹 누군가는 매혹적인 장면을 위한 프로그램을 짜려고 노력할 것이다. 사람들이 두 개의 컴퓨터를 서로 연결하여 대화하는 장면도 얼마든지 상상할 수 있다. 정신과의사 유혹 프로그램과 대화하게 만드는 것은 매우 재미있을 것이고, 그것은 정말 배꼽잡을 만큼 우스운 상황들을 연출하기도 할 것이다!

그러나 이 모든 멋진 응용들을 제쳐두고, 많은 사람들에 의해 이미 강조된 바와 같이, 컴퓨터가 인간의 많은 기능들을 떠맡고 있고 이처럼 기계들과 연관되어야 한다는 사실은 우리를 꽤 혼란스럽게 만든다. 예를 들어, 프레드 호일[6] 같은 사람들은 컴퓨터-기계들이 궁극적으로는 우리 문명을 지배하리라 믿는

6 • 프레드 호일 경(Sir Frederick Hoyle FRS, 1915~2001) : 영국의 천문학자. 별의 핵 형성 이론을 제창하였으나, 빅뱅(Big Bang) 이론은 반대했다.

다. 그러나 혹여 그런 일이 일어나지 않더라도 인간의 주요 기능이 번식하는 것과 기계를 유지하는 것이 되는, 기계와 인간의 공생의 시대가 도래하리라고 주장할 수 있다. 나 자신 역시 우리가 과연 그 단계에 도달할지 의심스럽지만, 그럼에도 불구하고 나는 대단히 복잡하고 정교한 기계들과 관련되어야 한다는 사실이 우리를 매우 혼란스럽게 할 것이며 우리 생애 동안 그러한 진보가 일어날 것이라 확신한다.

이런 유의 일로 가장 혼란을 겪을 사람들은 어떤 의미에서 영혼을 믿는 이들일 것이다. '영혼'이 의미하는 바는 결코 분명하지 않지만, 분명한 속성 중 하나는 육체와 연관될 수는 있지만 그러면서도 분리된다는 점이다. 특히 많은 사람들이 사후에는 영혼이 육체와 분리되어 존재하리라고 생각한다. 영혼에 관한 문제점은 그것이 진화과정에서 언제 기원되었는가를 파악하는 것이다. 대부분의 사람들은 모든 인간이 영혼을 가졌다는 데 동의할 것이다(비록 여성에게는 영혼이 없다고 생각하는 소수의 괴짜들도 있다). 침팬지나 개에게도 영혼이 있는지는 분명하지 않다. 물론 개를 키우거나 좋아하는 철학자들은 동물을 사랑하지 않는 사람들보다 개에게도 영혼이 있다고 생각하는 편이다. 그렇다면 개에게 영혼이 있다면 벌레에게는 없겠는가. 결국 우리가 어떤 생명체에 영혼이 있다고 믿게 만드는 성질들은 진화과정 중의 어떤 시점에서 완전한 형태로 튀어나온 것이 아니고, 서서히 만들어진 것으로 보인다.

다른 잘 알려진 문제 중 하나는 아기에게 영혼이 있는가 하는 점이다. 만약 그렇다면 아기에게는 출생 전부터 영혼이 있는가와 정확히 어느 시점에 영혼을 갖게 되었는가 하는 점인데, 우리가 알고 있는 한, 미수정 난자에는 영혼이 없는 것으로 여겨지기 때문이다. 물론, 이 의문들에 대해서는 종교적인 모범답안들이 제시되어 있지만, 내게는 그 답들이 임의적이고 의미가 없는 말처럼 보인다.

죽은 뒤에도 영혼이 살아남을 수 있다고 생각하는 사람들은 초감각적 지각[7]을 신봉하는 경향이 있으며, 필시 비물리학적인 기초를 둔 어떤 알려지지 않은 메커니즘에 의해 두 개의 마음이 서로 직접적으로 의사소통할 수 있다고 상상한다. 심지어 나는 DNA와 ESP 사이에 어떤 매혹적인 상관관계가 있을

7 • 초감각적 지각(extrasensory perception, ESP) : 일반적인 감각기관으로는 감지할 수 없는 초감각적 지각. 미국 듀크대학교의 J.B.라인이 1930년대 초기까지 심령학(心靈學)의 연구대상이던 여러 가지 현상을 정리하여 투시(透視)·텔레파시·예지(豫知)의 현상을 총칭하여 초감각적 지각이라고 정리했다.

것이라고 제안하는 케임브리지대학의 매우 호의적이고 열광적인 현대판 성직자와 가까이 지낸 적도 있다. 그러나 내가 이해할 수 있는 한, 그는 엑토플라즘[8]이 기독교 신앙을 지지하는 좋은 증거라고 생각했다.

지난 30년간의 ESP 연구에서 가장 놀라운 것은 과학적이라고 받아들일 수 있는 어떠한 기술도 전혀 만들어내지 못했다는 것이다. ESP 방식으로 의사소통할 수 있는 사람들을 발견하는 방법에 대해 특별한 선발과정이나 약물사용도, 또는 기타 다른 방법도 알려진 것이 없으며, 주로 회의적인 관찰자들에 의해 이루어진다는 것이 증명되었다. 위조나 엉성한 실험들로 이루어진 상당 분량의 기록이 있지만, 정말로 재현 가능한 실험은 단 하나도 고안되지 않았다. 우리는 ESP 현상이 존재하지 않거나, 현재의 방법으로는 연구하기 너무 어렵거나, 이 문제들을 연구하는 사람들이 절망적인 삼류라고 결론을 내릴 수밖에 없다. ESP는 점성술과 같이 진정한 실험이 존재하지 않는 완전히 '공

8 • 엑토플라즘(ectoplasm) : 주로 영매의 입, 귀, 코, 눈 등의 체공으로부터 나온다고 하며, 간혹 유령을 이루는 성분이라고도 한다. 안개나 유체 혹은 고체 형태이며 직접 만져지는 경우도 있다. 프랑스의 생리학자 C. 리셰가 명명하였으며, 그 존재는 아직 과학적으로 증명되지 않았다.

허한' 과학의 모습을 모두 갖추고 있다. 유일한 '결과'라고 해봐야 주제건 실험자건, 의식적이건 무의식적이건, 저질 실험이나 위조에 의해 이루어진 것들뿐이다. 부언하자면 이 같은 밑바닥 수준은 아무리 진정한 주제라 해도 나타날 수밖에 없지만—생화학에서는 매년 한 건 정도—존중할 만한 과학에서는 이런 '잡음'이 '의미있는' 수준보다 한참 아래에 있다. 그러나 ESP에서 의미는 없고 잡음만이 남은 것처럼 보인다.

많은 과학자들처럼 나 자신 역시 영혼은 상상 속에서나 존재하는 것이며, 우리가 마음이라고 부르는 것은 단순히 우리 두뇌의 기능들에 대해 말하는 방식이라고 믿는다. 진정한 어려움은 지각에 대한 생생함으로부터 유래하는데, 심지어 어느 정도 한계의 문제라고도 할 수 있다. 왜냐하면 우리는 반쯤 깨어 있거나 또는 몽유병처럼 여러 수준의 의식을 갖고 있을 수 있기 때문이다. 또한 나는 우리가 매일 밤 꿈을 꾸고 그 꿈을 아주 조금만 간직한다는 사실 때문에도 혼란을 느낀다. 최근에는, 누구나 상당한 기간 동안 매일 밤 꿈을 꾸는데, 그 대부분은 꿈이 진행되는 동안 깨지 않는 한 잊혀진다는 사실이 연구에 의해 밝혀지기도 했다. 프로이트가 오래전에 이 모든 것을 언급했음에도 불구하고, 그렇게 꿈을 많이 꾸지만 그중 아주 일부만 기억한다는 사실이 나로서는 놀랍기만 하다.

뇌를 둘로 나누는 것 같은 연구영역으로부터도 흥미로운 결과들이 나오는 것 같다. 이는 원숭이에게 아주 쉽게 할 수 있는 수술이고, 의료목적으로 인간에게도 가끔 시행된다. 이 수술은 어느 정도 두 개의 뇌를 갖는 사람을 만드는 효과가 있다. 그런 사람의 특색은 뇌의 한쪽 부분만이 언어와 관계가 있고, 결과적으로 오직 한쪽 부분만이 외부 세계와 의사소통할 수 있다는 것이다. 보통은 특별한 테스트를 하기 전까지는 눈에 띄게 다른 행동을 하지 않다가도, 만약 어떤 조치로 인해 마치 두 시각의 시야가 분리되듯이 몸 한쪽이 다른 쪽과 의사소통을 하지 못하게 되면 의사소통을 한쪽 뇌의 반구하고만 하게 된다. 이런 방법으로 스페리[9]와 그의 동료들은, 내가 이미 언급한 바와 같이 언어중추가 오직 한쪽 반구에만 집중되어 있음을 제외하고는, 누구나 예측할 수 있는 방식으로 양쪽 두뇌가 반응하고 학습하고 행동할 수 있음을 보였다. 이는 엉뚱하게도 에클스[10]에게 수

9 ● 스페리(Roger Wolcott Sperry, 1913~1994) : 미국의 신경생물학자. 허블(David Hunter Hubel), 위즐(Torsten Nils Wiesel)과 함께 대뇌 좌우 반구에 대한 연구로 1981년 노벨 생리학 및 의학상을 수상하였다.

용되어 어느 정도 영혼이 분리될 수 없음을 의미하는 데 사용되었다. 그러나 나는 이것이 (만약 도덕적으로 수용할 수 있다면) 누군가가 그런 육체를 두 사람이 되도록 훈련시키는 데 사용되지 않을까 하는 생각도 든다. 만약 오랜 기간 동안 두 개의 두뇌가 서로 의사소통을 하지 못하게 방해했다면, 아마도 하나의 두뇌가 한 몸에서 다른 두뇌처럼 존재할 게 분명하다. 즉 예전에 혼자였던 사람을 둘로 만들 수 있는 셈이다. 이런 일이 실제로 일어날지는 두고봐야 하겠지만, 내 생각으로 그것은 거의 최초로 만들어진 일란성 쌍둥이처럼 혼란을 줄 것이다.

이 책의 일관된 주제는 자연선택에 관한 것이다. 물론, 현재 인류는 자연선택에 의해서만 진화한 것은 아니다. 왜냐하면 사람들이 의사소통을 하고 사회를 형성하게 된 이래 다른 형태의 진화, 즉 대단히 빠르고 여러 면에서 훨씬 더 효율적인 사회적 진화가 진행되었다. 그럼에도 불구하고, 인류의 특성은 대부분 오래전 자연선택의 압력 아래에서만 진화해왔으며, 그 압력들은 오늘날에도 여전히 존재한다. 자연선택의 과정은 서서히 진행되었고 문명화는 상당히 최근에 일어난 일이다. 그리고 문명

10 • 에클스(John Carew Eccles, 1903~1997) : 미국의 신경생물학자.

화는 인류가 오늘날과는 상당히 다른 방식으로 행동했던 시기 뒤에 진전되었을 것이다. 예를 들어 우리의 공격성 대부분은 인간이 서로 끊임없이 경쟁하던 소그룹으로 살아갈 때 선택된 행동들로부터 나왔을 것이다. 우리의 혼인법과 성적 규칙에서 발견될 수 있는 많은 문제점과 딜레마를 설명하고 있는 성적 행동 역시 그러할 것이다.

나는 학교와 대학에서 자연선택을 가르치는 것의 중요성을 강조하면서 모든 사람들에게 그 이론을 명쾌하고 확실하게 이해하게 하는 일이 상당히 어렵다고 생각한다. 몇몇 남부 지역 주에는 학교에서 진화론을 가르치는 것을 공식적으로 금지하는 법률이 아직 존재하는데 나는 이것이 미국의 수치 중 하나라고 생각한다. 설령 그러한 법이 어느 정도 사문화되었더라도, 여전히 존재한다면 그 역시 분명히 대단한 비난거리가 될 것이다. 내가 주목하는 것은 그러한 상황에 대해 항의하지 않는다는 것이다.

개인적으로 좀더 나아가자면, 대단히 많은 종교교육이 이루어지고 있다는 사실 역시 안타깝게 생각한다. 이런 말을 하기는 유감스럽지만, 미국은 모든 학교에서 공공재원으로 종교교육이 지원되는 강제적인 대영제국만큼 상황이 나쁘지는 않은 것 같다. 고등교육을 받은 사람의 관점에서 볼 때, 이런 교육의 대부분은 정말 말도 안 되는 일이기 때문에, 나로서는 이것이 영국교육에서 의무 교과목 중 하나가 되는 것이 특히 혼란스럽다.

이 특수한 문제에 대해 많은 영국의 대학들도 불행하기는 마찬가지다. 대부분의 대학이 종교적인 전통을 물려받고 있는 것은 사실이지만, 케임브리지대학과 같은 조직체와 그 소속 단과대학들이 종교에 엄청난 제도적인 지원을 제공하고 있다는 것은 이해하기 어렵다.

이런 방식으로 가르치고 전파하는 것을 다수의 선임 교수들이 진실로 지적인 경멸이라고 믿고 있다고 해서 이런 구시대 관습들이 지속되는 것을 저지할 수 있는 것은 아니다. 물론, 만약 개인들이 세운 사립대학이라면, 또 만약 그들이 원한다면, 그들이 종교적 신념을 전파하지 말아야 할 이유가 없겠지만, 만약 공립대학이고 여러 곳으로부터 지원을 받는 경우, 이는 전혀 다른 문제가 된다. 케임브리지 킹스칼리지의 학장인 아난 경Lord Annan이 설파했듯이 대학의 가장 큰 과제는 "지성, 지성, 그리고 지성"이다. 그 외에 어떤 기능을 하든지 간에, 대학은 절반의 진실과 허위를 지원해서는 안 된다. 그럼에도 불구하고 그렇게 많은 지성인들이 이 문제에 대해 위선적으로 어깨를 으쓱

이며 자신들이 개인적으로 연관되어 있지 않다고 말하거나, 그것이 전혀 중요하지 않은 일이라고 느낀다는 것은 참으로 놀라운 일이다. 그나마 내가 기쁘게 생각하는 것은 보다 건전한 냉소주의적 관점을 갖고 있는 오늘날의 젊은이들이 그러한 위선을 감내하고 있는 선배들을 존경하지 않는 것처럼 보인다는 사실이다.

누군가는 왜 이러한 질문들이 그렇게 중요하냐고 물을 것이다. 기독교 신앙과 관습에 확고히 기반을 둔 우리 문명이 많은 근본적인 질문들에 대해 답하긴 했겠지만, 과학이 그러한 질문들에 대해 명확히 설명했으리라고는 생각되지 않는다. 그 위치는 오늘날 확연히 다르다. 현재 우리는 이러한 종류의 질문들에 대해 우리가 과거에 알던 모든 것들이 거의 분명히 사실이 아님을 알고 있다. 지성인들은 "우리는 무엇인가?", "우리는 왜 여기에 있는가?", "왜 세상은 이런 특별한 방식으로 작동하는가?"와 같은 '왜'라는 질문들에 관심을 가져야만 한다. 나는 이런 종류의 질문에 대답하는 것보다 더욱 긴급한 것은 없다고 생각한다. 이런 상황은 거의 모든 사람들이 이러한 종류의 질문들에 대해 이미 답변을 얻었거나, 어떤 방식으로든 그 질문들이 아마도 매우 이해하기 어려울 것이라고 믿기 때문에 조성되었다고 생각한다. 미국과 러시아가 군비경쟁을 하는 대신 지식경쟁을 한다면 훨씬 더 건강한 형세가 만들어질 것이다. 만약 그것이 국가 위신의 문제로 간주되기만 한다면 우리는, 높은 산에 오르거나 화성까지 가는 비싼 우주프로그램을 개발하는 것보다 생명의 특성을 더 잘 이해하게 될 것이다. 물론 화성에 가는 일이 우리의 생명의 특징을 설명하는 데 조금이나마 도움이 될 수 있을 것이라는 점에는 누구보다도 먼저 동의하지만 말이다.

일단 누군가가 인류가 자연선택 과정에 의해 단순한 화학적 복합물로부터 진화해왔기 때문에 현재 여기 있다는 아이디어를 받아들인다면, 현대 세계의 엄청나게 많은 문제들은 완전히 새로운 조명을 받을 것이다. 바로 이런 이유 때문에 과학은, 특히 자연선택은 보편적으로 우리가 건설하는 새로운 문명의 기초가 되어야만 한다. 두 개의 문명the two cultures이 있다고 말한 C. P. 스노[11]는 확실히 옳았다(두 개가 있는지 세 개가 있는지 심지어 네 개가 있는지에 대해 여기서 논쟁하고 싶지는 않지만, 나는 적어도 한

11 • C. P. 스노(Charles Percy Snow, 1905~1980) : 영국의 물리학자, 소설가. 그의 1959년의 강연 '두 개의 문명(The two cultures)'은 과학자들과 예술가들 간의 괴리를 잘 설명하였는데, 예를 들어 '많은 과학자들이 찰스 디킨스의 책을 읽어본 적이 없는데 비해, 예술가들은 과학에 대해 나산가지로 이는 바가 거의 없다'는 의미이다.

개 이상이 있다고 주장하고 싶다). 내가 볼 때 그가 저지른 실수는 그 두 개의 차이를 간과한 것이다. 본래 기독교 가치에 기반을 둔 오래된 문명 혹은 글자 문명은 분명히 죽어가고 있는 반면, 과학적 가치에 기초를 둔 새로운 문명은 대단히 빠른 속도로 성장하고 있다. 물론 아직까지는 발달 초기 단계에 있지만. 이 두 문명 간의 괴리 중 하나는 전자가 서서히 죽어가는 것이고 후자는 비록 원시적이지만 생을 꽃 피우고 있다는 사실을 이해하기 전에는 현대 세계에서 누군가의 진로를 명백히 알기가 불가능하다는 점이다. 대학 당국자들은 대학이 늙고 죽어가는 문명을 지탱하는 본거지가 아니라 새로운 문명의 전파를 위한 중심이 되어가는 모습을 보이도록 노력해야 한다.

이러한 이유로 나는 모든 대학생들이 '과학의 지도' 라고 지칭될 수 있는 과목을 배워야만 한다고 믿는다. 이는 모든 다양한 과학들의 광범위한 특성들과 이들이 어떻게 서로 관련되어 있는지를 설명할 뿐만 아니라(묘사에 생동감을 주도록 각각의 과학에서 몇 개의 선정된 삽화들을 포함), 또한 어떻게 개개의 과학들이 발전하고 어떤 영역들이 상대적으로 덜 연구되었는지를 보여줄 것이다.

이런 강의는 말하자면 기계공학과 광학은 매우 잘 탐구되어 있는 반면, 생물학의 대부분은 여전히 거의 처녀지 상태로 남아 있음을 증명할 것이다. 이 강의는 학생들로 하여금 우리가 아직까지 답을 모르는, 그러나 향후 30년 내에 답을 찾을 가능성이 있다고 생각하는 질문들을 숙고하게 만들 것이다. 현재 일부 질문들은 우리에게 다른 것들보다 훨씬 더 개인적인 영향을 미치는데, 이 가운데 두뇌의 작용은 분명히 높은 순위에 있다. 자신 있게 말하건대, 두뇌에 대한 우리의 현재 지식은 매우 원시적인 단계에 있다. 의학으로 따지자면 4체액설[12] 단계나 방혈치료법[13] 단계(정신분석이 정신적인 방혈이 아니고 무엇이란 말인가?)라고나 할까. 전체적인 지식을 갖게 되면 우리 자신에 대한 우리의 모든 이해 역시 급격하게 바뀔 것이다. 현재의 문명으로 수용되는 많은 것들이 그때는 넌센스처럼 보일 것이다. 예술 분야에서 훈련받은 사람들은 기술의 발전에 의해 그들의 삶이 변화했음

12 ● 4체액설 : 히포크라테스가 제창한 고대 의학설. 그는 인체가 불 · 물 · 공기 · 흙, 4원소로 되어 있고, 인간의 생활은 각각에 상응하는 혈액 · 점액 · 황담즙(黃膽汁) · 흑담즙(黑膽汁), 네 가지에 의해 이루어진다고 생각하였다. 이 네 체액의 조화가 온전할 때를 '에우크라지에(eukrasie)'라 하여 건강한 상태를 의미하고, 반대로 조화가 깨진 경우를 '디스크라지에(dyskrasie)'라 하는데 이때 병이 생긴다고 하였다.

13 ● 방혈치료법 : 방혈(blood-letting)치료는 혈액을 체외로 빼내는 치료법으로 서양에서는 근대까지 정통 치료법으로 간주되었으나 폐해가 컸다.

에도 불구하고—내연기관, 페니실린 또는 폭탄에 의해— 여전히 현대 과학이 그들과 깊이 관련되어 있는 것들에 별 영향을 주지 않는다고 느낀다. 오늘날의 과학에 따르면 이는 부분적으로 진실이지만, 내일의 과학은 이미 그들의 문화를 두드리고 있다. 과학에 대한 일반적인 지식에 더하여 그 강의는 과학의 특별한 세부 분야를 좀더 깊이 공부하고자 하는 모든 이들에게 이로운 영향을 줄 것이다. 이는 자연과학 전공 학생들에게는 물론이고, 교양과정을 공부하는 학생들에게도 과학과 과학적 방법에 대한 통찰력을 어느 정도 주기 위해 어떤 과목을 가르쳐야 할 것인가는 흥미로운 질문이다. 스노는 가장 교육적인 시금석은 열역학 제2법칙이라고 최초로 제안했지만, 그의 작가 친구들이 이 용어를 농담으로 받아들이는 것을 발견하고는 깜짝 놀랐다. 열역학 제2법칙은 또 수학적 이해가 없이는 상당히 어려운 이론이다. 최근에 그는 DNA의 구조와 복제를 제안했다. 어떤 초등학생도 이를 이해할 수 있고, 그러므로 이는 인문계 사람들을 가르치는 데 특히 적합하다. 게다가 이는 생물학의 기본이기도 하다.

그러나 나는 일반인들을 가르칠 때 매혹적이지만 동시에 무시되는 과목이 동물행동학이라는 J. 브로노프스키J. Bronowski의

의견에 동의하고 싶다. 동물행동학의 개념들은 우리에게 별로 낯설지 않아서 대단히 배우기 쉽다. 이 분야는 최근에 들어서야 과학이 되었는데—즉, 실험에 의해 반증 가능한 가설들이 제기될 수 있다—아마도 상당한 기간 동안 성장을 지속할 것 같다. 따라서 학생들은 대학을 떠난 뒤에도 이 생동감 넘치고 발전을 거듭하고 있는 과학을 공부할 수 있다. 게다가 동물행동학은 비교적 개인적인 형태, 말하자면 익숙한 것이 항상 보이는 것과 같지는 않다는 과학의 가장 중요한 교훈 하나를 가르쳐준다. 많은 사람들이 오랜 세월 동안 고양이와 개를 키웠어도 인간의 행동에 관한 전통적인 아이디어를 기반으로 한 일부 모호한 '통찰력' 외에는 그들의 행동에 대해 아는 것이 거의 없다는 사실은 매우 주목할 만하다.

동물행동학은 또한 생물학적 척도에서 우리보다 하등한 동물들을 과학적으로 연구함으로써 우리 자신에 대한 학습이 중요하다는 점을 반증한다. 이 모든 이유들을 고려해볼 때 동물행동학은 교양과정 학생들에게 대학 1학년 동안 교육과정의 일부로 가르치기에 훌륭한 과목인 듯하다. 교양과정 학생들뿐만이 아니다. 화학자들은 때때로 믿기 어려울 정도로 문화에 대해 무지하다. 따라서 과학 전문가들에게 과학을 보는 넓은 사고방식을 제공해야 하는 이유는 충분하다.

그리하여 마지막으로, 우리는 "생기론은 죽었는가?"라는 마지막 질문에 도달한다. 내게는 "아니오"라는 대답이 마지못해 하는 것처럼 보인다. 생기론적 아이디어를 열렬히 신봉하는 지성인들이 남아 있는 동안은, 비록 그들이 그 주제에 관한 과학적인 지식을 완전히 이해한다고 하더라도, 우리는 생기론이 아직 살아 있다고 결론지을 수밖에 없다. 우리에게는 이를 어떻게 반증할 것인가라는 과제—내가 믿는 바처럼, 가정컨대 이들 생기론적 아이디어들이 사실이 아니고 결국은 확장된 과학지식에 의해 그렇게 보여질 것이다—가 남는다. 그러면 세 가지 민감한 영역을 차례로 보도록 하자. 먼저 분자생물학으로 돌아가보자. 우리가 생기론적 개념들이 아무런 역할도 못한다는 것을 확신하게 되려면 보다 많은 지식을 가져야만 한다는 점은 명백하다. 내 생각에 이런 날은 반드시 올 것이다. 왜냐하면 많은 사람들이 현재 이 문제를 열심히 연구하고 있기 때문이다. 또한 우리가 이미 가진 지식들은 물리학과 화학으로 설명할 수 없는 것이 있다는 것을 거의 불가능해 보이도록 만든다. 좀더 어려운 두 번째 영역— 생명의 기원— 은 상당히 다른 문제를 우리에게 제시한다. 이 경우 지구상에서 생명의 가장 초창기에 일상적이지 않은 것은 하나도 일어나지 않았다는 것을 확신하기 위해 필요한 지식을 얻기란 어려울 것이다. 지금처럼 많지 않은 사람들이 이런 문제를 연구한다면, 이 주제를 발전시키는 데 어느 정도 시간이 걸릴 것이다. 그러나 우리가 갖게 될 분자생물학 지식은 생명의 기원에 대해 의심하는 사람들을 소수자로 만들 것이다. 두 영역의 연구는 대단히 밀접하게 연관되어 있기 때문이다.

신경계 쪽으로 넘어오면, 상당히 다른 문제가 제기된다. 이 분야에서 생기론적 아이디어들은 교육받은 사람들뿐만 아니라 심지어 이 분야의 선도적인 몇몇 연구자들에 의해 유지되고 있다. 내가 주장한 바처럼, 이는 연구의 과학적인 퇴보라 할 수 있다. 따라서 우리의 두뇌, 행동, 그리고 자각이라는 이상한 느낌에 대한 주된 질문들을 분명하게 하는 것이 가능해지려면 훨씬 더 많은 연구자와 지식들이 필요하다. 이 지식이 획득되면, 그리고 컴퓨터 연구가 훨씬 더 진전되면(아마도 이는 매우 빠르게 진행될 것 같다), 두뇌에 대한 생기론적 아이디어들은 현재 분자생물학에서 보여지는 생기론적 아이디어들처럼 괴상하게 여겨질 것이다. 정확한 지식은 생기론의 적이다.

만약 과학적인 연구가 상당한 수준으로 지속된다면, 교육받은 사람들은 생기론을 더 이상 심각하게 고려하지 않게 될 것이다. 그러면 그때는 생기론이 죽을 것인가? 나는 생기론은 죽겠지만, 그 유령은 남을 것이라고 생각한다. 인간의 마음에서 일어나는 신념들을 완전히 제거하기란 불가능한 일처럼 보인다. 언제나 소수의 열광적이고 과격한 지지자는 남는 법이다. 반대되는 과학적 증거가 엄청나게 축적되었음에도 불구하고 오늘날에도 여전히 지구가 납작하다고 믿는 사람들이 있다. 여러분 중 생기론자들도 그러하기에, 그들에 대해 나는 감히 예언한다. 모든 사람들이 과거에 믿었던 것은, 여러분이 현재 믿는 것이고, 괴짜들만이 미래에 믿게 될 것이라고.

옮긴이 해제

::

『인간과 분자*Of Molecules and Men*』는 제임스 왓슨 박사와 함께 DNA 구조가 이중나선형임을 규명한 공로로 노벨 생리학 및 의학상을 수상한 프랜시스 크릭 경이 1960년대 초 워싱턴 주립대학에서 한 강연을 책으로 엮은 것이다. 역자는 원저자를 크릭 박사라 칭하려 하였지만 글 중에 상당수의 박사들이 나오기 때문에 편의상 박사 칭호를 뺀 이름만을 적었다. 역자가 굳이 '박사' 칭호에 대해 언급하는 데는 까닭이 있다.

서구사회에서는 진심어린 존중을 표하기 위해 박사학위 수여자를 Mr. 또는 Ms. 아무개라 부르지 않고 반드시 Doctor 아무

개라 부른다. 이는 엄정한 심사와 판정을 거쳐 학위를 받기까지의 수많은 어려움을 극복한 것과, 그가 가진 높은 학문적 전문성, 그리고 자신의 지식과 경험을 다시 사회에 환원하는 성실한 의무수행에 대한 합당한 사회적인 대접이라고 할 수 있다. 불행히도, 박사학위를 너무나 쉽게 주고, 사기도 하며, 무엇보다도 정직하고 정확해야 할 실험결과를 속이고, 연구결과를 재탕에 삼탕까지 하는 '박사님' 또는 '교수님'이 존재하는 것이 우리의 부끄러운 현실이다.

또 박사학위 소지자들이 보통사람들에 비해 상대적으로 높은 도덕성을 유지해야 함에도 불구하고 물신숭배가 극에 다다른 사회적 분위기에 편승하거나 심지어 자신의 전문지식을 적극적으로 악용하는 사례가 있음을 부인할 수 없다. 그러나 여전히 다수의 진정한 '박사'들과 그러한 '박사' 되기를 꿈꾸는 사람들이 진리탐구와 학문발전을 위해 밤낮 없이 피와 땀과 눈물을 아끼지 않고 있다. 노벨상을 받지 못하더라도 이들은 우리 사회에서 존중받아 마땅하다고 생각되기에 역자는 '박사'라는 칭호를 강조한다.

이 책은 구두 강연을 별다른 수정 없이 책으로 만들었기 때문에 활자 형태로 '읽기'에는 그다지 편하지는 않다. 오히려 '오디오북' 형태였으면 훨씬 이해하기 쉬웠으리라 생각한다. 그러나 활자 형태를 택함으로써 독자의 이해를 돕는 상세한 각주와 부연설명을 첨부할 수 있는 장점이 있다. 이러한 취지에서, 본 해제를 만들어 본문의 뒤를 잇게 하였다.

1. 서론: 21세기 생명공학의 시대를 연 사람들

문명세계에 사는 사람이라면 21세기가 생명공학biotechnology, BT의 시대임을 아무도 부정하지 않을 것이다. IT분야의 눈부신 발전조차도 결국은 생명공학과의 융합이란 형태로 수렴될 것이다. 40~50대에게 친숙한 TV외화 시리즈의 주인공들인 '600만불의 사나이'나 '소머즈'와 같이 기계 팔다리와 기계 눈과 귀를 가진 세미-사이보그의 출현은 더 이상 공상과학이 아니다. 즉, 생체장기나 조직을 완전한 기계 혹은 생체조직과 혼합된 형태의 기계로 대체하려는 시도는 진행 중이며, 인공 와우(달팽이관) 등은 이미 상용화되어 있다. 비슷한 예로 더 이상 수술이 불가능한 심장병 환자의 생명을 인공심장이 유지시켜줄 날도 머지않은 듯하다.

한편, 아직 기계가 우리 몸을 대체하기에 이르다고 생각하는 생명과학자들은 배아나 성체에서 유래한 '만능세포' 인 줄기세포를 이용하여 손상된 장기와 조직을 새로이 대체하려는 치료법을 연구하고 있으며, 이 역시 머지않아 보편적인 치료법으로 적용될 것으로 보인다. 궁극적으로, 지금 태어나는 아이들은 평균 수명 100세가 보장되고 사망 직전까지도 현재 60~70세의 건강한 사람과 비슷한 활력을 유지하게 될 것이다. 이것이 생명공학에 의해 이루어질 '바이오토피아biotopia' 이다.

물론 일부 극단적인 환경보호론자들은 기계문명, 특히 생명공학의 브레이크 없는 무절제한 발전에 의해 초래될 미래는 올더스 헉슬리의 통렬한 고전인 『멋진 신세계』에서 그려진 디스토피아dystopia라고 믿고 있는 것 같다. 그들의 바이오토피아는 기계를 구경하기 힘든 '자연 그대로' 인 상태일 것이다. 수명연장과 삶의 편리함을 추구하는 욕망과 지구 전체의 균형유지와 모든 생명체들과의 상생을 추구하는 선에서 이 양자 간의 합리적이고 진실된 절충에 의해 진정한 바이오토피아가 열릴 것이다.

그러면, 위의 언급한 것처럼 가슴을 콩닥콩닥 뛰게 할 만큼 놀랍고 신기할지 혹은 비인간적이고 암울하게 황폐화될지 모를 미래를 불러올 판도라의 상자—여기서는 긍정적인 부분만 생각하자—를 연 사람들은 누구일까? 당연히, 앞자리는 지난 세기에 관련 연구에 매진한 많은 생명과학자들이 차지할 것이다. 2000년 6월 미국의 클린턴 대통령은 자랑스런 어조로 전 세계를 향하여 인간게놈프로젝트가 완료되었음을 선언하면서 그 방대하고 귀중한 정보를 모든 인류가 공유해야 한다고 강조하였다. 사실 엄청난 경제적 이권이 걸린 문제이기 때문에 서둘러 완료선언을 할 수밖에 없었다든지 하는 매우 복잡한 속사정들이 있었지만 여기에서는 자세히 언급하지는 않겠다.

그러나 진정한 바이오토피아가 실현되기 위해서는 가장 먼저 할 일이 우리의 '유전자' 암호를 해독하는 것이기 때문에 인간게놈프로젝트 완료는 인류 역사상 최대의 업적으로 손색이 없다. 그러므로 판도라의 상자를 연 생명과학자들 중에서도 유전자 암호를 푸는 데 직접적으로 기여한 사람들의 자리를 먼저 배정해야 할 것이다.

유전자는 궁극적으로 DNA로 구성되어 있다고 할 수 있으므로 많은 사람들, 특히 생명과학자들은 DNA의 구조를 규명한 제임스 왓슨과 프랜시스 크릭을 주저없이 꼽을 것이다. 물론 DNA 가닥이 서로 역방향으로 평행인 이중나선으로 뻗어나가고 4개의 구성 염기인 아데닌(A), 티민(T), 구아닌(G), 시토신(C)이 각각 아데닌-티민 그리고 구아닌-시토신으로 짝을 상보적으로 이루면서 이때 형성된 여러 개의 수소결합에 의해 이중나선이 견고히 유지됨을 밝힌 과정에 두 박사 외에도 여러 과학자들, 특히 로잘린드 프랭클린의 기여가 절대적이었지만 여기서는 크릭에게만 집중하고자 한다. DNA 구조 규명과정에서 왓슨과 크릭 두 사람의 상세한 기여 내용과 그들의 막강한 상대자였던 라이너스 폴링 그룹과의 경쟁, 그리고 다른 학자들의 중요한 기여와 인간적인 갈등에 얽힌 에피소드를 다룬 책들과 인터넷 자료들이 많이 있으므로 참고하기 바란다.

2. 크릭 박사의 일생

이제부터 언급할 내용 중 상당 부분은 위키피디아에 공개된 내용을 참고로 하였음을 밝혀둔다. 크릭은 1916년 영국 노샘프턴에서 신발공장을 운영하는 중산층 가정에서 태어났다. 어려서부터 부모와 함께 교회에 나갔으나, 열두 살에는 어머니에게 더 이상 교회에 가지 않겠다고 말했다고 한다. 수학에 재능이 있던 그는 스물한 살에 런던대학UCL에 입학하여 물리학 학사학위를 받았는데, 모리스 윌킨스와 프랭클린이 최고명문인 케임브리지대학을 나온 것과 비교된다.

'왓슨과 크릭'은 '오성과 한음' 같은 콤비처럼 불리지만 사실 왓슨은 크릭과 사이가 좋은 편은 아니었다고 한다. 1950년대 초 그들이 DNA 구조를 연구할 당시에 왓슨은 박사학위 소지자였고 크릭은 아직 학위과정 중이었지만 열두 살이나 연상이었던 크릭이 왓슨에게 자주 훈계조로 대하거나 토론에서 말이 많고 고집스런 면모를 보였다는 증언들이 있다. 아마도 라틴어 성적 부족으로 최고 명문인 케임브리지에 입학하지 못한 것에 대한 일말의 열등감이 크릭에게 있었을 가능성이 있다. 학사학위를 취득한 뒤 크릭은 박사과정에 들어가 그가 훗날 '상상할 수 있는 한 가장 어리석은 주제'였다고 술회한 고온에서의 물분자 점도 측정을 연구하다가 2차 세계대전을 겪으면서 학업을 중단했는데, 독일 공군의 영국 대공습 때 그의 실험실과 기계들이 폭파되면서 그의 학문적 여정이 운 좋게(?) 빗나가게 되었다.

전쟁중 그는 해군연구소에서 자기기뢰를 설계하는 일에 참여했다. 종전 후인 1947년 그는 생물학을 응용하여 레이더를 개발한 물리학자 존 랜덜 경과 같은 사람들의 영향을 받아 물리학에서 생물학 연구로 전환하였다. 즉, 그는 물리학의 '우아하고 심오한 단순함'에서 '자연선택으로 수십억 년 동안 진화해온 정교한 화학적 메커니즘'으로 관심사를 바꾼 것이었고, 그는 이 전환이 '마치 새로 태어난 것과 같았다'라고 언급한 바 있다.

그가 공부한 물리학은 20세기 초에 아인슈타인을 필두로 현대물리학의 위대한 스타들의 업적들이 연이어 발표되면서 이미 매우 발전한 분야로 여겨졌기 때문에, 그는 생물학 연구에서도 비슷하게 위대한 발전과 성공이 나올 것이라고 굳게 믿었고, 그는 거기에 도전할 만큼 큰 야심을 갖고 있었다.

그는 케임브리지의 스트레인지웨이스연구소에서 세포질의 물리적 성질들을 잠시 연구한 뒤 로렌스 브랙 경이 이끄는 케임브리지의 캐번디시연구소로 옮겼다. 브랙 경은 아버지 헨리 브랙과 함께 노벨 물리학상을 수상(1915년)했는데, 단백질의 알파 헬릭스 구조를 밝힌 미국의 라이너스 폴링과 DNA 구조 규명을 놓고 경쟁심이 한껏 충만한 상태였다. 한편 캐번디시연구소는 존 랜덜 경이 이끄는 왕립 런던대학의 연구팀과도 경쟁관계였다. 당시 크릭의 친구였던 윌킨스는 왕립 런던대학 연구팀에 있었다.

크릭이 평생 관심을 가졌던 두 개의 생물학 주제는 어떻게 분자들이 살아 있지 않은 것에서 살아 있는 생명체로 전환시키는가와 어떻게 뇌가 지각하는가였다. 종전 후 그가 물리학에서 생물학으로 전공을 바꾼 데는 라이너스 폴링과 에르빈 슈뢰딩거의 영향이 컸다. 그는 또한 찰스 다윈의 자연선택에 의한 진화론과 그레고리 멘델의 유전법칙 등을 결합하면 생명의 신비를 규명할 수 있을 것으로 생각했다. 1940년대 오스월드 에이버리 등에 의해 DNA가 유전물질임이 증명된 이후 DNA 구조 규명은 당시 최대의 연구주제였는데, 크릭은 매우 알맞은 시기에 알맞은 장소에 있었다. 즉 고분자 물질의 구조분석에 적합한 X-ray 결정법X-ray crystallography을 접할 수 있었던 것이다.

1951년 크릭은 코크란, 밴드와 함께 나선구조 단백질 분자에 의한 X선 회절의 수학적 이론을 발전시켰는데, 이 이론은 DNA 구조를 이해하는 데도 유용한 것이었다. 1951년 말 서른다섯 살의 늦깎이 박사과정생 크릭은 스물세 살의 젊은 왓슨 박사와 함께 연구를 시작하였는데, 이들은 레이먼드 고슬링과 로잘린드 프랭클린의 X선 회절실험 결과를 사용하여 1953년《네이처》지에 DNA의 나선구조 모델을 제안하였다. 이 연구와 후속 연구들에 대한 공로로 크릭과 왓슨, 그리고 고슬링과 프랭클린의 상급 연구자였던 윌킨스가 1962년 노벨 생리학 및 의학상을 수상하였다. 만약 라이너스 폴링이 당초 계획대로 1952년 영국을 방문하여 윌킨스 팀의 X선 회절실험 결과를 접했다면 먼저 DNA 이중나선 모델을 발표했을 가능성이 높았지만, 운명은 왓슨과 크릭의 편이었다. 또한 왓슨-크릭 모델의 탄생에는 생물학의 위대한 거장들, 예를 들어 어윈 샤가프의 영국 방문과 존 그리피스의 조언도 큰 몫을 했다.

크릭은 1954년 서른일곱 살에 박사학위를 받았는데, 인류 최고의 발견이 무명의 박사과정 학생에 의해 이루어진 것은 노벨상에 목말라하는 우리들에게 많은 것을 시사한다. 이후 크릭의 학문적 여정은 분자생물학에서 이론생물학 그리고 (이론)신경생물학으로 이어진다. DNA 이중나선 모델을 발표한 이후 크릭의 관심은 유전정보를 담은 DNA의 특정 서열, 즉 코돈codon에 대한 이론생물학 영역으로 옮겨졌다. 그는 세포핵 안에서 유전정보를 저장하는 DNA와 세포질에서 일어나는 단백질 합성 사이에서의 RNA 매개 역할을 연구하던 조지 가모브 그룹과 교류하면서 20개의 아미노산 각각에 해당되는 작은 어댑터 분자가 존재하고 이 분자의 한 끝은 짧은 서열의 핵산과 수소결합을 이루며, 다른 한끝은 아미노산과 연결되어 있다고 제안하였다. 이 어댑터 분자는 tRNA로, RNA-단백질 복합체는 리보좀

ribosome임이 후에 밝혀졌다. 크릭은 1958년 발표한 논문을 통해 세 개의 염기가 한 세트가 되어 특정 아미노산을 암호화하리가 추정하였고, 후에는 DNA→RNA→단백질 방향으로 거대 분자들 간의 유전정보 흐름으로 제안하고 이를 센트럴 도그마central dogma라 명명하였다. 코돈의 존재는 일부는 크릭에 의해, 대부분은 미국 국립보건원NIH의 마셜 니렌버그 등에 의해 증명되었다.

1960년대와 70년대에 그의 과학적 호기심은 생명의 기원으로 확대되었다. 당시에는 단백질만이 유일한 효소이고 리보자임ribozyme에 대한 이해가 전무하였기 때문에 크릭은 최초 몇몇 아미노산과 단순한 암호가 출현한 다음 이들이 기존에 존재하는 개체에 의해 좀 더 복잡한 암호들로 진화했을 것으로 추정하였다. 1970년대 크릭은 레슬리 오겔과 함께 '판스퍼미아Directed Panspermia' 설을 제안했는데, 분자들로부터 생명체가 출현하는 것은 전 우주에 걸쳐서도 매우 드문 사건이지만 일단 일어나면 지성을 가진 생명체의 우주여행—우주선을 사용한—을 통해 퍼져나갈 수 있었을 것이라는 설이다.

훗날 크릭과 오겔은 자신들은 일종의 자가복제 단백질 시스템self-replicating protein system이 생명의 기원이라고 추정하였기 때문에 지구상에서 무생명 상태에서 생명이 탄생할abiogenesis 가능성에 대해서는 너무 회의적이었다고 술회하였다. 크릭은 이론 생물학자로서도 큰 업적을 남겼지만 그의 이론이 항상 옳은 것은 아니었다.

크릭은 1947년 이래 30년간 몸담았던 케임브리지대학을 1977년 떠나 미국 캘리포니아 샌디에고 인근 라 호야La Jolla 소재의 솔크생명과학연구소로 옮겨 세상을 떠날 때까지 신경생물학 연구를 수행하였다. 1958년에 크릭은 케임브리지대학의 유전학 교수직에 응모했으나 떨어진 일이 있다. 2003년 왓슨은 DNA이중나선 모델 발표 50주년을 기념하는 강연에서 크릭을 유전학 교수로 받아들이지 않은 사건을 케임브리지대학이 지난 세기에 저지른 가장 상상력이 빈곤한 처사였다고 비난했다.

크릭의 신경생물학에 대한 깊은 관심은 원문에서도 잘 나타나 있는 것처럼 적어도 1960년대 초부터 시작된 것으로 보이지만 솔크로 옮기자마자 신경생물학 연구를 개시하지는 못하였는데, 그 까닭은 1970년대 말에 연이어 이루어진 분자생물학 분야의 흥미로운 발견들이 그를 놓아주지 않았기 때문이다. 그 발견들은 오늘날 생명공학의 초석이 되는 제한효소의 발견 같은 것이었다. 1980년대에 들어서서야 그는 신경생물학 연구, 특히 '지각 또는 의식consciousness'에 전력집중할 수 있었는데, 그가 신경생물학을 주제로 선택한 이유는 최초 물리학에서 생명과학으로 관심을 바꿀 때와 유사하다. 그가 보기에 신경생물학 분야는 많은 소분야들이 있지만 상호연결은 별로 없고, 행동에 관심을 갖고 있는 사람들조차 뇌를 그저 '블랙박스' 정도로 취급하고 있으며, 많은 연구자들이 '지각'을 금기시된 주제로 여기기 때문이었다. 여기서 매우 중요하지만 신천지와 다름없는 영역에서 DNA 구조 규명과 같은 큰 학문적 성취를 얻을 수 있으리라 기대한 그의 야심을 엿볼 수 있다.

이미 그는 물리학-화학-생물학으로 이어지는 학문영역을 오가면서 DNA 이중나선 모델을 만들어낸 경험이 있었으므로, 유사한 접근방식으로 미지의 학문세계인 '뇌-지각-행동'의 과학적 설명을 얻을 수 있을 것으로 생각한 것 같다. 1980년대는 컴퓨터의 눈부신 기능향상이 시작된 시대였지만 막상 그는 정신기능을 연구하는 데 있어서 '뇌의 세부 구조와 상세한 기능'에 기반을 두지 않은 컴퓨터 모델의 가치에 대해서는 회의적이었다.

역자가 보기에 크릭은 감각은 물론 이성적인 정신활동까지도 생물물리학적 공식이나 생화학적인 분자식으로 표시할 수 있는 날이 언젠가 올 것이라고 믿은 것 같다. 이러한 그의 생각은 그가 '전투적' 혹은 '적극적'인 무신론자였음을 떠올리면 별로 이상할 것이 없다. 그는 기독교 신앙을 동의한 성인들에게 사적으로 가르치는 것은 괜찮을지 모르지만 어린 학생들에게 가르쳐서는 안 된다고 역설했다.

영혼이라는 개념은 다른 주요 종교들처럼 기독교 자체 존립의 근간이고 정신은 영혼과 분리하기 어려운 개념이다. 정신 혹은 적어도 그 일부인 지각을 뇌의 물리·화학적 작용의 소산이라고 믿은 무신론자 크릭은 '영혼'도 뇌의 작용에 의해 형성된 추상적 개념으로 생각했기 때문에 기독교가 과학계에 부정적인 영향을 끼치지 못하게 막으려는 시도의 일환으로 신경생물학적 증거를 얻고자 노력한 것은 아닐까. 그는 과학과 종교의 부정적인 관계를 다음과 같이 기술하였다. 생물학적 진화과정 중 언제쯤 영혼을 가진 최초의 생명체가 출현했을까? 아기는 어느 순간부터 영혼을 갖는가? 그는 물질이 아닌 영혼이 육체에 들어갈 수 있고 죽은 후에도 존속한다는 아이디어는 상상에 불과하다고 여겼다.

그에게 '마음'은 수백만 년 동안 자연선택에 의해 진화해온 물리적인 뇌 활동의 산물이다. 그러므로 자연선택에 의한 진화야말로 공립학교에서 가르쳐야 하는데도 영국의 학교들이 오히려 종교적인 지침을 강요하는 것을 매우 유감스럽게 생각했다. 그는 새로운 과학적 세계관이 급속하게 형성되고 있다고 느꼈고, 일단 뇌의 상세한 작용이 궁극적으로 규명되면 인간과 세계의 본질에 관해 오류투성이인 기독교 개념들이 더 이상 지지되지 않을 것으로 예측했다. 결국 전통적인 개념으로의 '영혼'은 물리적인 기초의 마음에 대한 이해로 대체될 것으로 예언했다.

크릭은 솔크연구소에서 J.W. 킥헤퍼 기념 연구교수Kieckhefer Distinguished Research Professor직을 갖고 있었으며 세상을 떠나기 직전까지도 연구를 손에서 놓지 않았다. 동료 연구자인 크리스토프 코흐에 따르면 그는 '마지막 침상에서까지 글을 교정하고 있던, 끝까지 과학자'였다. 전세계가 모두 참여한 잔혹한 전쟁, 언제라도 인류를 절멸시킬 가공할 무기 개발, 우주로의 진출, 과학기술에서 특히 BT와 IT의 놀라운 발전에 따른 새로운 문명생활 등 인류에게 가장 큰 격동기였던 20세기를 거의 다 겪고서 생명과학의 거인은 잠들었다.

3. 그가 전하고 싶었던 생각들

이 책은 노벨상 수상 직후 과학자로서 패기만만한 크릭이 자신의 발견을 포함한 생명과학의 놀라운 진보들에 의해 새로운 시대가 열릴 것을 예상하고 이를 자신감 넘치게 세상에 선언하는 내용을 담고 있다. 동시에 새로운 시대에 장애가 되는 비과학적이거나 무지한 구시대의 관념들을 타파하려는 의미를 갖고 있다.

이 책 전체에서 일관되게 흐르는 그의 의도는 '생기론 타파'이므로, 1장에서는 가장 먼저 생기론의 정체를 논하고 있다. 그는 독자를 설득하기 위해 먼저 '살아 있는 것'의 정의에 대해 질문한다. 이는 대다수의 사람들이 가볍게 생각하는 개념이고 그 반대는 '죽은 것'이라고 대답할 것을 예상한 질문이다. 그가 생각하는 반대 개념은 '살아 있지 않은 것'인데, 이처럼 서두에서 자신이 매우 논리적임을 드러내면서 저자는 '살아 있는 것'과 무엇이 '살아 있는 것'을 만드는가에 대한 지적 호기심을 유발한다. 그는 '살아 있는 것'에 대한 모호한 개념이나 인식이 바로 생기론의 온상이 될 수 있다고 생각했다. 생기론 옹호자들은 주로 기독교도, 특히 가톨릭 교도이고 비판자들은 주로 불가지론자나 무신론자라고 믿었는데, 크릭 자신은 무신론자였다.

현대 수학 · 물리 · 화학적 이론들로 무장하고 다윈(진화론)과 멘델(유전법칙)의 결합으로 생명현상의 본질을 파악하는 것이 가능하다고 믿은 크릭에게 생기론이란 무지에 의해 생긴 해석 방법이었을 것이다.

역자의 생각으로는 생명과학, 특히 고전적인 관찰 위주의 생물학이 갖는 귀납적인 특성이 바로 생기론이 탄생하게 된 토양이었고, 후발 자연과학 주자라는 점 때문에 생기론을 쉽게 배격할 수 없었을 것이다. 생물학과 생기론의 관계는 마치 연금술이 오랜 세월 동안 정규 과학으로 발돋움하려는 화학의 발목을 잡아온 것과 유사한 관계일 것이다. 연금술은 그나마 화학의 발전에 기여한 바가 제법 있지만 생기론은 그렇지 못한 것으로 보인다. 역자는 생기론 혹은 유사한 주장(예, 창조론)을 주장하는 사람들에게 반론을 제기하고 싶은 생각이 없는데, 그 이유는 역자가 생기론에 대해 잘 모르고 현재 하고 있는 연구와 생기론 간에 아무 연관이 없다고 믿기 때문이다. 마찬가지로 생기론이나 그와 유사한 종교적 관점을 믿는 사람들이 자신들의 견해를 세상에 강요하는 일이 없기를 희망한다.

그가 생기론자들을 비판할 때 사용한 가장 강력한 논리적 무기는 바로 '진화-자연선택'이었다. 생기론을 공격하기에 좋은 주제는 지구상에 존재하는 생명의 기원에 대한 것이다. 만약 생명체가 무생물인 물질들로부터 일종의 '진화'를 한 것이라면 생기론의 입지가 매우 취약해진다. 따라서 크릭은 생명의 기원에 대해 상당한 지면을 할애하여 반생기론적 논리를 전개하였는데, 생명의 기원은 이 책이 출간된 이후에도 그의 주요 관심사 중 하나로 계속 남았다. 그런데, 생명의 기원에 대한 실증은 천문학적 개념의 시간이 소요되고 거대한 규모의 자연계가 필요하므로 사실상 불가능하다. 대략 30억 년 전에 일어난 것으로 추정되는 지구상의 생명체 탄생에 대한 논쟁은 진흙탕에서의 레슬링을 보는 것 같다.

생명에 관한 자연발생설은 아리스토텔레스 이래 무려 2천 년을 지속해온 이론이며 파스퇴르의 유명한 S형 백조목 플라스크 실험으로 반증되기까지 일반인들은 물론 과학자들도 신봉해왔다. 파스퇴르의 실험과 세포설 이후 자연발생설은 현존하는 생명체의 경우에 적용할 수 없게 되었지만, 소련의 오파린(1924)이 제안한 우아한 가설과 밀러와 유리(1953, 1955)가 행한 원시 대기 조성/방전/유기물 합성 발견 실험으로 지지되면서 여전히 최초의 생명체 탄생에는 적용되는 설이다. 결국 무기물로부터 유기물 전환이라는 물질의 화학적 진화가 먼저 일어나고, 이어 유기물이 들어 있는 스프 상태의 옅은 바닷가에서 물질들이 일종의 자연선택에 의해 조합되어 마침내 원시 생명체가 만들어졌다는 설명이다. 무신론자이면서 화학과 물리학에 대한 학문적인 소양이 두터웠던 크릭에게는 매우 논리적인 설명이었을 것이다.

그런데, 앞서 언급한 바처럼 1970년대 크릭은 지성을 가진 생명체가 우주여행을 통해 퍼져 나갈 수 있었을 것이라는 '판스퍼미아' 설을 제안한다. 물론 최초의 생명체는 매우 드문 확률이겠지만 어디에선가 우연히 만들어져야 하며, 이 생명체로부터 거듭 진화하여 고도의 지성을 가진 생명체가 다른 행성으로 생명체를 운반하여 퍼뜨린다는 설이다. 이 책을 저술한 후에 크릭 자신은 너무나도 낮은 확률로 무생명에서 생명이 탄생되기 때문에 지구에서 생명체가 기원하였다는 것에는 회의적으로 되었던 것 같다. 그렇다면 크릭의 판스퍼미아설은 폐기되어야 할까? 어느 정도 수정 · 보완되면 다시 논리적 경쟁력을 갖게 되지 않을까?

역자는 기존의 지구기원설이 외계에서 유래하였을 가능성을 더하는 것에 무리가 있다고 생각하지 않는다. 실제로, 우리가 화성을 식민지로 삼으려 할 경우, 물론 이론적이긴 하지만, 번저 광합성이 가능한 하등 생물체들을 화성에 퍼뜨려 좀더 우호적인 대기를 형성해야 할지 모른다. 이런 방식으로, 혹은 실수로 우리 자신이 언젠가는 지적 생명체로서 생명체를 다른 행성에 퍼뜨리게 될 가능성이 충분히 있다. 또 지구로 날아든 혜성이나 운석을 통해 원시적인 상태의 생명체가 운반될 가능성을 완전히 배제할 수는 없다. 크릭은 지식이 좀 더 쌓이게 되면 고등한 생명체와 생명현상을 물리와 화학적 방법론으로 분명하게 설명할 수 있으리라고 믿었다. 그는 어떻게 그러한 예상을 하게 되었을까? 그에 대한 답을 얻는 데 서양과학의 역사적인 배경에 대한 지식이 도움이 될 것이다.

역자는 크릭에게서 산업혁명을 완결하고 전세계 패권을 잡고 '해가 지지 않는 제국'을 이룬 빅토리아 시대에 풍미한 '진보에 대한 무한한 신뢰'를 엿볼 수 있었다. 그가 최초에 선택한 전공인 물리학 분야에서는 19세기 말과 20세기 초에 막강한 지성의 챔피언들이 줄줄이 나오면서 고전적인 뉴턴역학을 붕괴시키고 전자기학이나 양자역학과 같이 전시대에는 사전에 아예 없던 단어를 제목으로 하는 세부 연구영역들이 출현하였다. 곧 시간, 차원, 에너지 그리고 우주에 대한 사고를 완전히 바꿔놓았으며, 이러한 발전은 인류의 세계관을 송두리째 바꾸어 특히 지식인

층에서 종교의 영향력을 유명무실하게 만들었다. 물리학으로 대변되었던 당시의 과학은 더 미세한 물질의 근본 구조를 규명하는 분석의 시대age of analysis의 정점을 향해 치달았다.

그런데, 산업혁명 이래 20세기 초까지 서구사회가 누린 진보의 시대는 결국 막을 내리게 되고 1차와 2차 세계대전, 그리고 그 사이 대공황을 겪으며 무한한 진보에 대한 의구심은 물론 인간성에 대한 회의가 커지면서 상황은 크게 바뀌게 된다. 물리학이 2차 세계대전 이후 '선禪'이나 '음양陰陽설'과 같은 동양사상에서 해답을 구하려는 경향을 보일 때, 생명과학은 그간의 물리·화학 분야에서 성취한 진보를 자신에게 적용시키고 있었다. 그런데 앞서 언급한 바처럼 크릭은 알맞은 시기에 알맞은 장소에 있었다. 환원주의reductionism는 물리와 화학이 급속도로 발전했던 19세기 후반에서 20세기 초까지의 분석의 시대에 합당한 전략이었으나 이후 점차 영향력을 잃어가고 있었다. 그런데, 이 시기 생명과학은 이제 막 기존의 단순관찰 수준에서 벗어나 생화학 등 첨단과학적 방법론을 수용하려던 순간이었기 때문에 환원주의적인 시각으로 연구하기에는 안성맞춤이었다. 비록 생명과학이 여타 자연과학들보다 영역이 넓고 그들과는 다른 학문의 역사를 갖고 있지만, 생명체의 구성물질과 구성원리가 수학이나 물리 · 화학적 원리에 의해 거의 대부분 설명될 수 있음은 지금도 분명하며, 2차대전 직후 크릭에게는 더더욱 확실했을 것이다. 추측컨대 야심가였던 크릭은 물리학이나 화학적 방법론을 사용하여 처녀지나 다름없는 생물학 분야에서 위대한 업적을 달성할 수 있을 것으로 믿었던 것 같다.

크릭의 생기론 비판은 아마도 당시 급속도로 발전한 분자생물학의 연구결과들에 크게 힘입은 것으로 보인다. 그 자신이 DNA가 이중나선임을 발견하였고, 다른 젊은 과학자들에 의해 코돈의 존재, DNA 복제 원리, RNA로의 전사와 단백질로의 번역 메커니즘이 속속 밝혀졌으며 박테리아와 바이러스의 구조와 생활사, 그리고 각종 효소의 작용방식에 대한 이해가 증진되었다. 작지만 완전한 생명체인 박테리아 그리고 이보다도 훨씬 더 단순한 바이러스 구조, 그리고 생명체의 유전정보를 표기하는 방식이 단지 4개의 알파벳(A, C, G, T)만으로 가능하다는 사실들이 그로 하여금 머지않아 바이러스와 유사한 인공생명체를 합성할 수 있으리라 믿게 한 것 같다.

크릭의 생기론 비판은 매섭지만 나름대로 조심성을 갖춘 것이었다. 먼저 근육운동이나 신경작용과 같이 고등생물에서의 기능에 관한 분자생물학적 수준에서의 이해가 증진되고 있음에 만족하고 신뢰를 보낸다. 다음에 당시로는 놀라운 발명품인 컴퓨터를 등장시킨다. 흔히 컴퓨터와 인간의 뇌를 곧잘 비교하는데, 크릭은 컴퓨터의 발전에 매우 깊은 인상을 받은 듯하다. 컴퓨터의 작동원리가 이진법이라는, 즉 매우 단순하다는 점에서 지각과 기억, 학습과 같은 고도의 뇌 기능에 대해서도 곧 이해가 가능할 것을 믿어 의심치 않은 것 같다. 게다가 유전의 기본 물질이 고작 4개의 알파벳임이 밝혀진 마당이므로 그가 낙관적으로 생각한 것은 충분히 수용할 만하다. 지각에 대한 이해 추구는 그가 여생을 통해 마지막까지 열정을 쏟은 과제였다.

그가 40여 년 전에 예감한 것처럼 신경생물학과 행동학은 아직도 많은 부분이 잘 알려져 있지 않지만 점점 더 매력적인 학문분야로 부각되고 있다. 결국 인간에게 자신이 누구인가라는 질문은 필연적이며 이에 대한 해답은 위의 두 학문분야를 통해 제시될 것으로 생각된다. 그는 인간의 뇌기능 연구와 영혼이나 초감각적 지각ESP를 분리시켜야 한다고 주장하였는데, 생기론적인 개념이 들어갈 소지가 농후한 영혼이나 초감각적 지각에 대한 연구가 일고의 가치도 없는 엉터리 과학이라고 판정내렸다. 생기론자들에게 '영혼'은 최후의 보루일지 모른다. 그의 비판은 매우 냉소적인데, 인간 영혼의 실재 여부에 대해 그다지도 많은 사람들이 얽매여 있는데, 영혼이 인류의 진화과정에서 같이 진화를 해온 것인가? 아기는 물론 개나 벌레에게도 영혼이 있는가? 참으로 곤란한 질문들이 아닐 수 없다.

발생학을 공부하는 역자 역시 해결하기 힘든 비슷한 질문을 던질 수 있다. 일란성 쌍둥이의 영혼은 도대체 어떻게 각각의 아기에게 전해지는가? 이 경우 하나의 영혼이 둘로 분리되는 것일까? 곧 그는 가장 하고 싶었던 주장을 전개하는데, 사립학교는 모르겠으나 적어도 공립학교에서의 교육에 종교적인 압력이 가해지는 것을 배격해야 한다는 것이다. 자신의 모국에서 행해지는 교육적 제약, 즉 종교가 진화론과 같은 생명과학의 기본 원리를 가르치지 못하게 억압하는 현실에 대한 분노를 숨기지 않는다. 마지막으로, 과학을 오도할 수 있는 생기론에 대한 가장 확실한 대응으로 대학교육과정에 동물행동학과 같은 깊은 통찰력과 미래의 유용성을 동시에 제공할 수 있는 과목을 넣을 것을 제안한다.

글을 마치며

크릭이 타파하고 싶었던 관념들로는 '생기론'과 이와 관련된 기독교 사상의 일부였고, 그가 세상에 전달하고자 한 것은 인간의 지각을 포함한 모든 생명현상을 언젠가는 수학이나 물리·화학 법칙으로 설명할 수 있게 되리라는 믿음과 유전자 수준에서 설명가능한 자연선택과 진화의 개념이었다. 이 책에서 전개된 그의 견해가 전적으로 옳다고 하긴 어렵다. 예를 들어 그가 곧 이루어지리라 예상한 인공생명체의 제작은 아직도 성공하지 못하고 있다. 더욱이, 종교와 과학의 갈등 부분은 무신론자였던 크릭의 개인적인 문제와도 결부되어 다소간 증폭되거나 과장된 측면도 없지 않다.

역자의 경우, 종교와 과학은 각자 고유의 영역이 있고 상호간 존중하는 자세가 꼭 필요하다고 믿는다. 영혼의 안식과 정화라는 종교 고유의 목적 그리고 자연현상의 실체에 대한 실증 가능한 파악이라는 과학 본래의 목표를 고려하면, 종교적 시각으로 과학을 바라보거나 혹은 그 반대의 경우 둘 다 바람직하지 못하고 심지어는 어리석기까지 하다. 따라서 생기론이나 창조론과 같이 종교적인 믿음이 과학의 영역에 너무 깊숙이 들어오는 경우는 문제가 생길 수 있다. 모두에게 확실하지 않은 것을 다른 사람에게 수용하라고 강요하는 것은 옳지 않다.

크릭의 예측 가운데 신경생물학과 동물행동학의 발전, 두 개의 컴퓨터를 사용한 원거리 대화, 컴퓨터에 의한 교육 등은 이미 현실화되었다. 반면 앞서 언급한 바처럼 인공생명체 제작은 아직 요원한 것으로 보인다. 물론 역자도 언젠가 시험관에서 생명체가 탄생되리라는 것을 의심하지 않으므로, 크릭이 예상이 옳긴 하였지만 성급한 것이었다고 판단된다.

이 책은 어쩌면 그의 열정이 과도하게 담긴 것인지도 모르겠다. 그런데 그의 생애에 대한 정보를 얻기 전에 이 책을 읽었을 때는 바로 그 열정이 다소 거슬릴 정도였지만, 그가 살아온 길을 알게 된 후에는 바로 이해가 되었다. 어쩌면 생기론이나 반진화론反進化論, 굳이 얘기하자면 창조론에 입각하여 교육이나 연구에 제약이 가해지는 사태를 크릭과 같은 이들이 막아준 것일지도 모르겠다.

끝으로, 생명과학을 공부해온 역자가 별로 길지 않은 이 책을 번역하면서 느낀 소감은 한 시대를 풍미했던 거장이 자신의 논리를 어떻게 전개하는지에 대해 머리 속을 직접 들여다본 것처럼 많은 것을 배웠다는 것이며, 그의 아이디어들—특히 미래에 벌어질 일들에 대한 예측—이 현재에도 유효한가를 생각해

보는 것도 즐거운 일이었다. 책의 말미에 그가 던진 "생기론은 죽었는가?"라는 질문에 대한 답은 독자의 몫이다. 참고로 '생기론은 죽겠지만 그 유령은 남으리라'가 그의 생각이었으며, 역자도 그 의견에 동의한다.

인간과 분자

1판 1쇄 찍음 2010년 6월 10일
1판 1쇄 펴냄 2010년 6월 15일

지은이 프랜시스 크릭
옮긴이 이성호

주간 김현숙
편집 변효현, 김주희
디자인 이현정, 전미혜
영업 백국현, 도진호
관리 김옥연

펴낸곳 궁리출판
펴낸이 이갑수

등록 1999. 3. 29. 제300-2004-162호
주소 110-043 서울시 종로구 통인동 31-4 우남빌딩 2층
전화 02-734-6591~3
팩스 02-734-6554
E-mail kungree@kungree.com
홈페이지 www.kungree.com

ISBN 978-89-5820-189-2 93400

값 9,000원